지오지브라를 활용한
창의적 콘텐츠 개발

최경식

목원대학교 교수

서울대학교 수학교육과 졸업
목원대학교 대학원 수학과 졸업(기하학 전공, 이학석사)
한국교원대학교 대학원 과학교육과 졸업(통합과학교육 전공, 교육학박사)

논문으로는 "예비교사의 TPACK 평가틀 개발과 TPACK 발달 저해 요인 분석", "STEAM practices to explore ancient architectures" 등이 있음

저서
지오지브라 바이블, 실버만 복소해석학, 지오지브라와 함께하는 기초미적분학
지오지브라 공학수학, 지오지브라를 활용한 모델 중심 학습, 메타버스에서의 수학적 경험등 다수

임상연

세종여자고등학교 교사

공주대학교 수학교육과 및 동대학원 졸업
충남과학고, 세종국제고, 세종과학예술영재학교를 역임하였고, 영재교육부분으로 교육부 장관상을 수상.
현재는 지오지브라 등을 활용하여 수학교육에 테크놀로지를 접목하기 위해 노력함.

저서
지오지브라를 활용한 수능문제 그리기, 실버만 복소해석학

지오지브라를 활용한 창의적 콘텐츠 개발

초판발행   2023년 6월 15일

저 자   임상연 최경식
펴낸곳   지오북스
등 록   2016년 3월 7일 제395-2016-000014호
전 화   02)381-0706 / 팩 스   02)371-0706
이메일   emotion-books@naver.com
홈페이지   www.geobooks.co.kr

ISBN   979-11-91346-65-7
값 12,000원

이 책은 저작권법으로 보호받는 저작물입니다.
이 책의 내용을 전부 또는 일부를 무단으로 전재하거나 복제할 수 없습니다.
파본이나 잘못된 책은 바꿔드립니다.

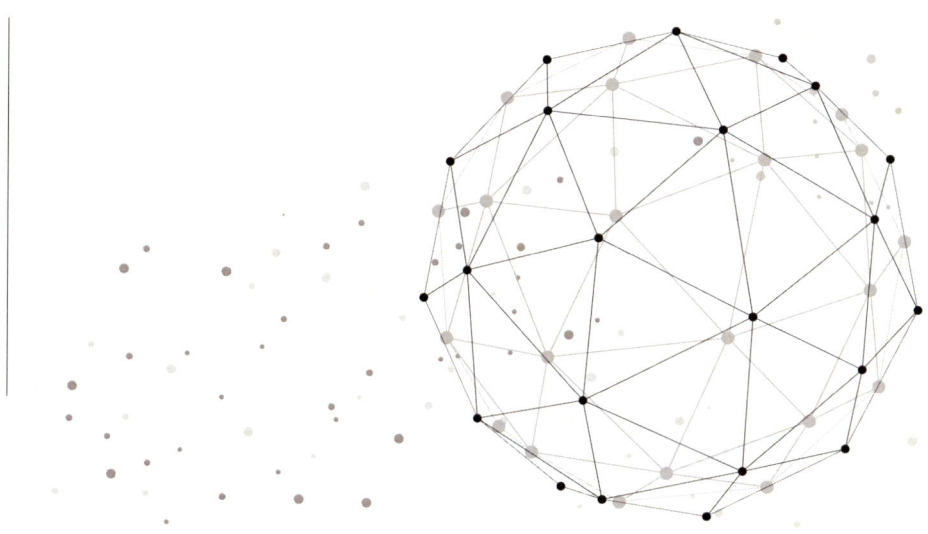

머리말

이 책은 지오지브라를 이용하여 창의적 콘텐츠를 개발하는 것을 목적으로 한다. 특별히 '창의적 콘텐츠'를 개발하기 위하여 수, 과학적 지식과 콘텐츠를 관련짓고자 하였다. 이는 수, 과학적 지식을 학습하는 과정에서 높은 창의성이 요구되기 때문이다.

 이 책은 수학의 추상적 속성과 과학의 다양한 현상에 대한 모델 활용 콘텐츠의 개발 과정을 시도하였다. 또한 책의 마지막에는 자바스크립트 코딩을 이용하여 학생의 창의적 생각을 구글 스프레드시트로 받아 정리하는 방법을 소개하였다.

 앞으로 에듀테크 콘텐츠는 사회 전반의 교육에서 활용될 가능성이 높다. 또한 우리나라의 에듀테크 산업은 매우 활발하기에, 창의적 에듀테크 콘텐츠 개발은 유용하게 사용될 수 있다. 이 책이 학습자의 창의성을 일으키는 콘텐츠를 개발하는 데 작은 도움이 되기를 기원한다.

2023년 5월 16일
저자 일동

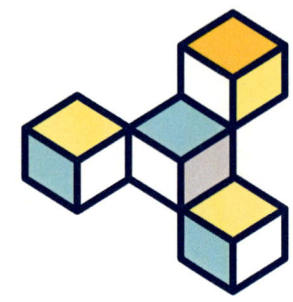

차 례

제 I 편 융합 주제 설계   1

1   현미경   3

2   당구대   11

3   걸어가는 애니메이션   19

4   뢸로 삼각형 회전   27

5   정다각형 회전   31

6   사이클로이드 곡선   37

7   사이클로이드 진자   43

제 II 편	자바스크립트 활용 설계	49
8	지오지브라 반응형 자바스크립트 코딩	51
9	지오지브라에서의 입력 데이터를 구글 스프레드시트로 전송	63

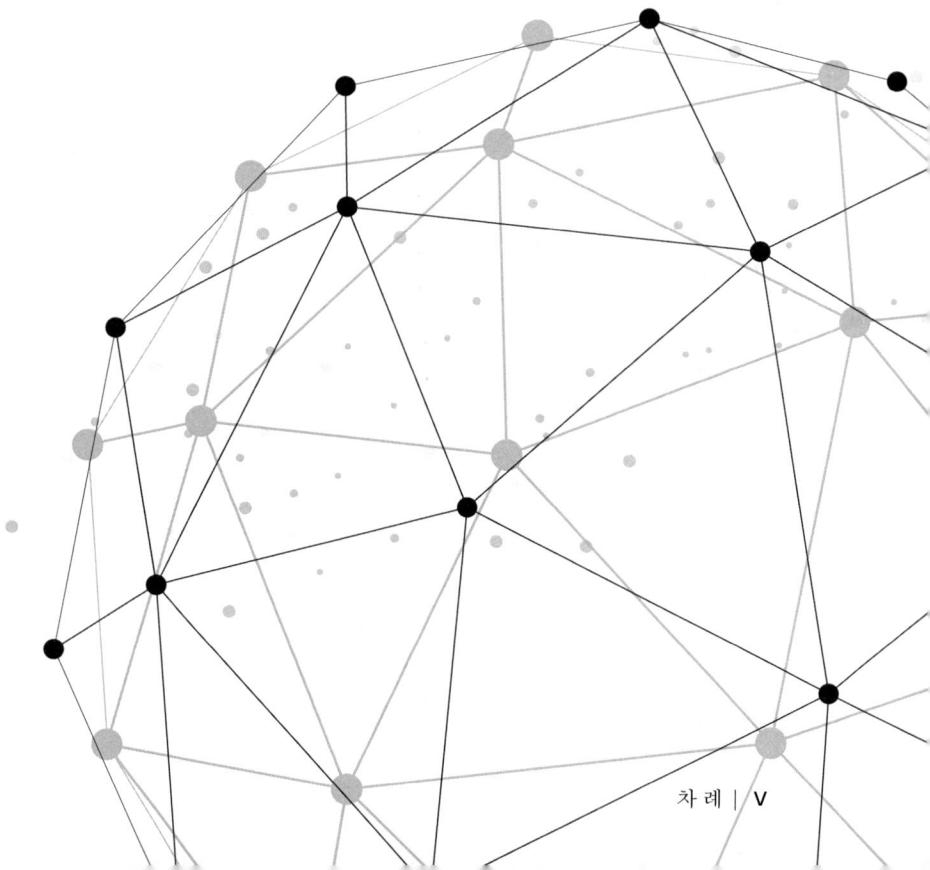

제 I 편

융합 주제 설계

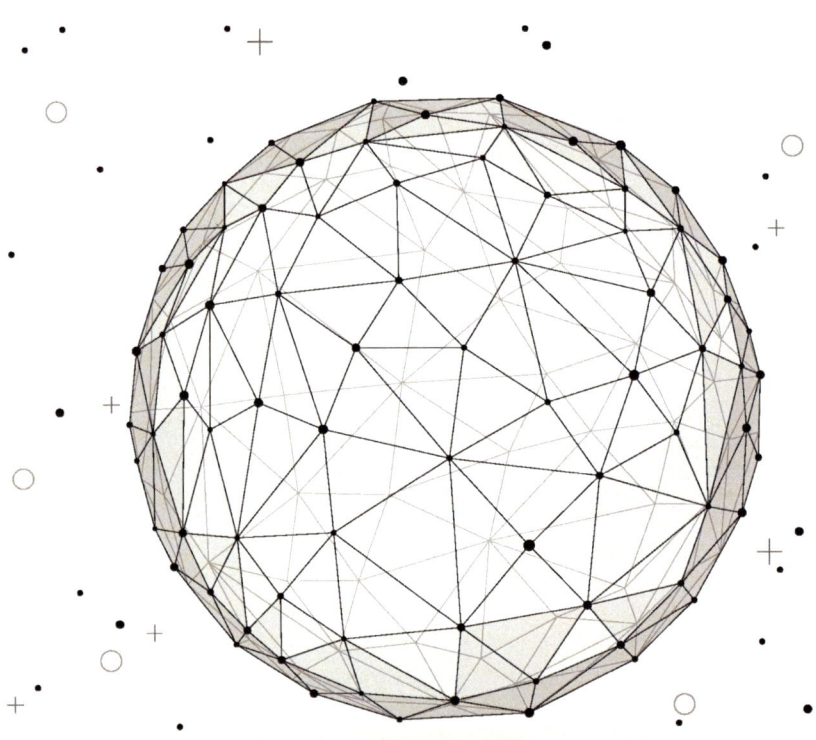

1
현미경

지오지브라에서 현미경을 만들 수 있다. 기하창 1[1]에서는 원으로 세포 사진의 확대할 부분이 나타나고, 기하창 2에서는 해당 부분이 확대되어 나타난다.

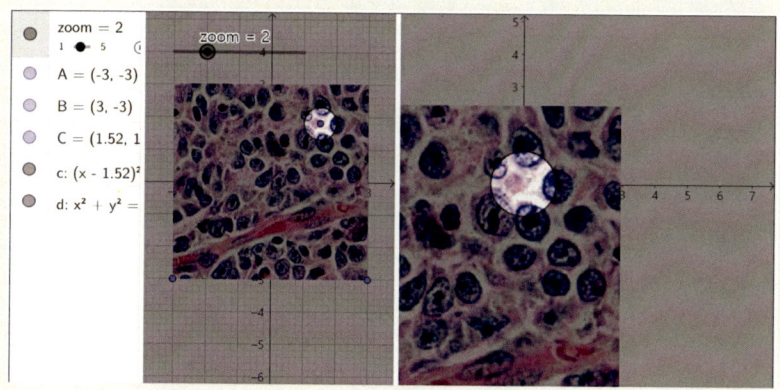

---

[1] 원래 기하창이지만 편의상 기하창 1이라고 하겠다.

두 화면 설계하기

① 메뉴의 보기 – 기하창 2를 선택하면 기하창 1과 기하창 2가 함께 나타난다.

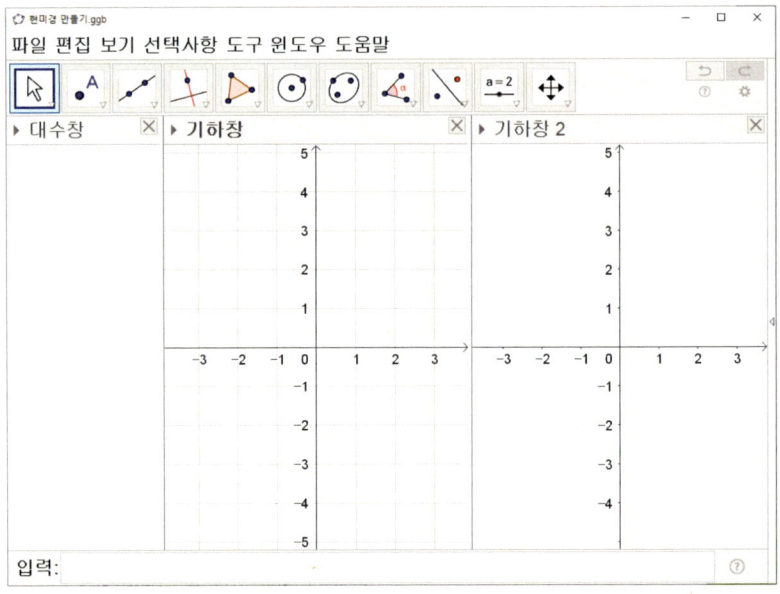

② https://www.geogebra.org/m/qknembhz에서 세포 사진을 다운로드 받은 후, 이 사진을 기하창 1에 드래그 앤 드롭한다.

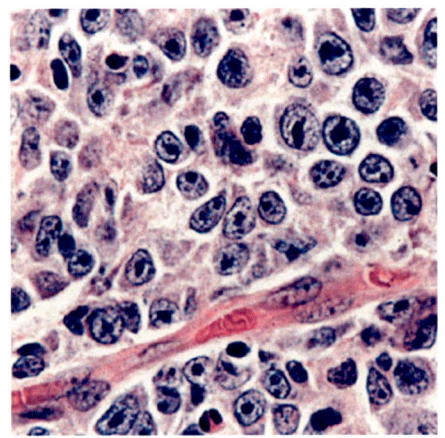

③ 슬라이더 도구를 사용하여 다음과 같이 슬라이더를 정의한다.

> 수, 이름: zoom, 최솟값: 1, 최댓값: 5

④ 그림의 한 점은 $(-3, 3)$, 다른 점은 $(3, -3)$에 놓는다.

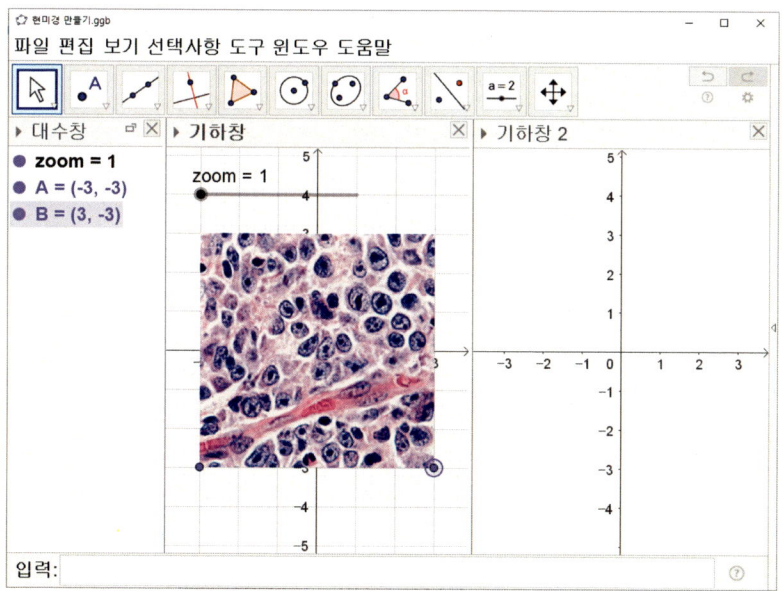

⑤ 원: 중심과 반지름 도구를 선택한 후, 그림을 클릭하여 한 점을 만들고, 반지름은 1/zoom 인 원을 만든다.

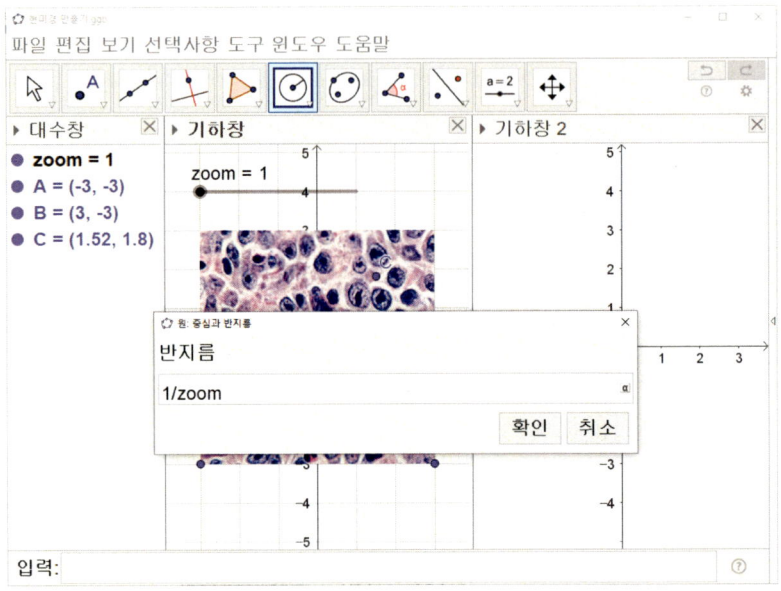

⑥ 그림을 기하창 2에 드래그 앤 드롭한다.

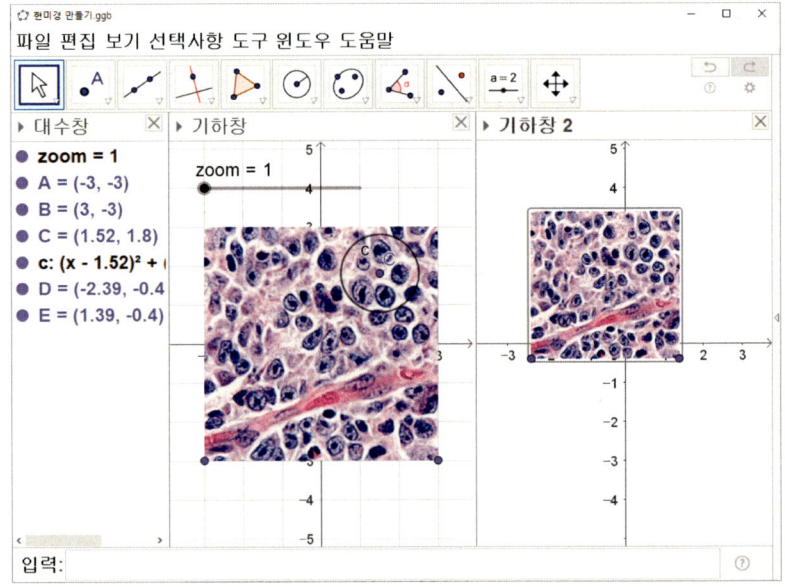

⑦ 기하창 2의 그림 설정사항의 위치 탭에서 다음과 같이 꼭짓점을 지정한다.

꼭짓점 1 : zoom (-3 - x(C) , -3 - y(C))

꼭짓점 2 : zoom (3 - x(C) , -3 - y(C))

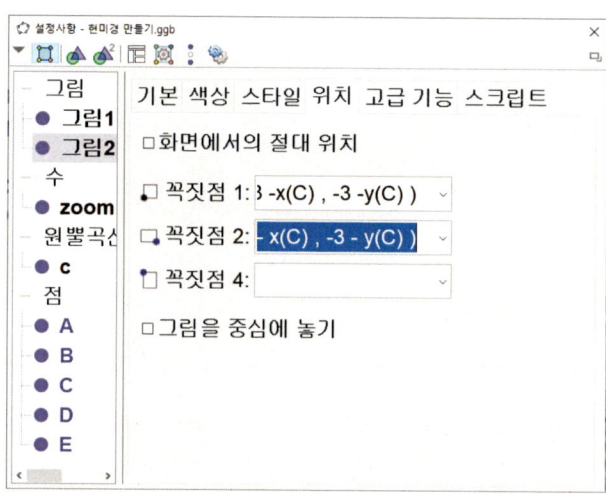

⑧ 기하창 2에 중심이 (0,0) 이고 반지름이 1/zoom 인 원을 만든다.

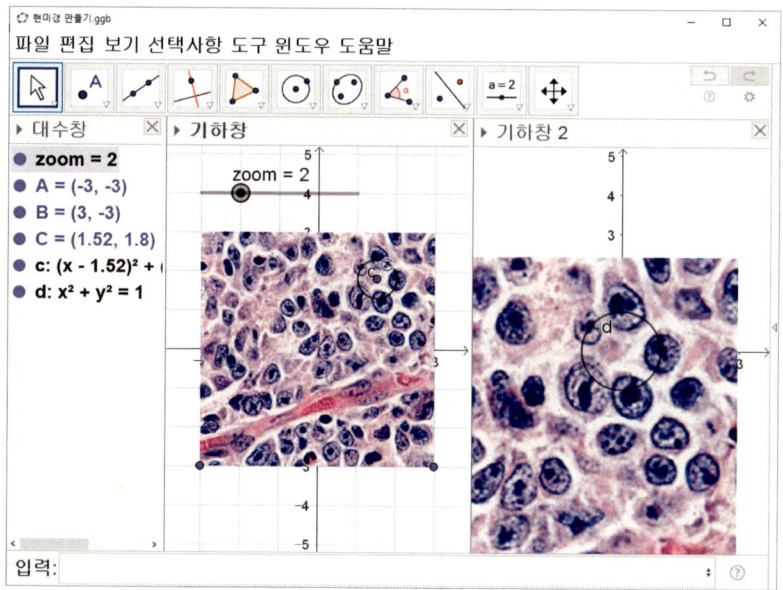

마스킹 처리하기

① 기하창 1의 원의 설정사항에서 다음과 같이 조절한다.

　같은 작업을 기하창 2의 원에 대해서도 수행한다.

> 색상 탭 : 불투명도 높이기
> 스타일 탭 : 채움 반전 하기

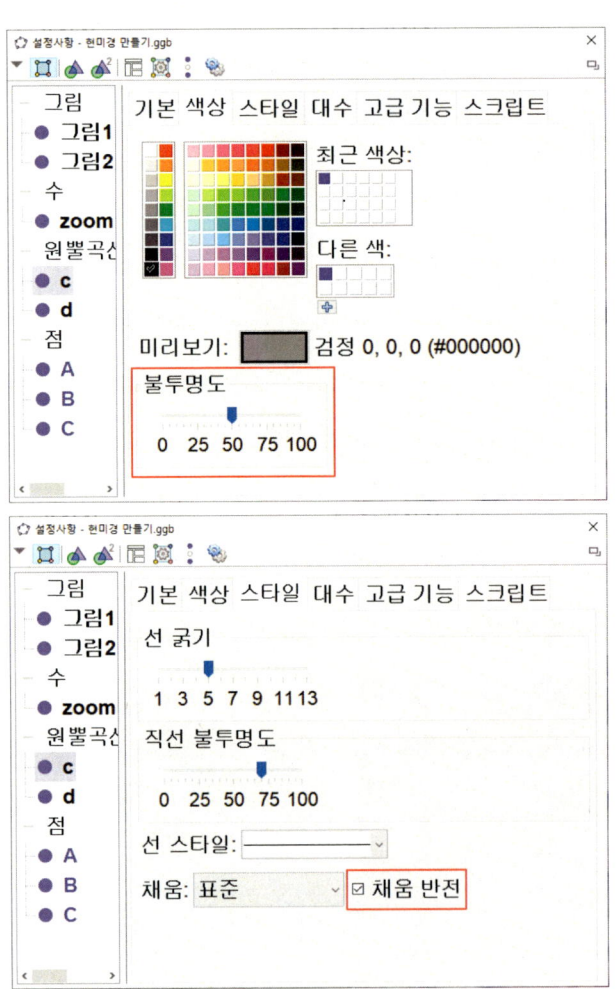

② 기하창 1의 점과 슬라이더를 움직이면, 어느 위치를 어느 정도 확대할 것인지 조절할 수 있다. 그 결과는 기하창 2에서 나타난다.

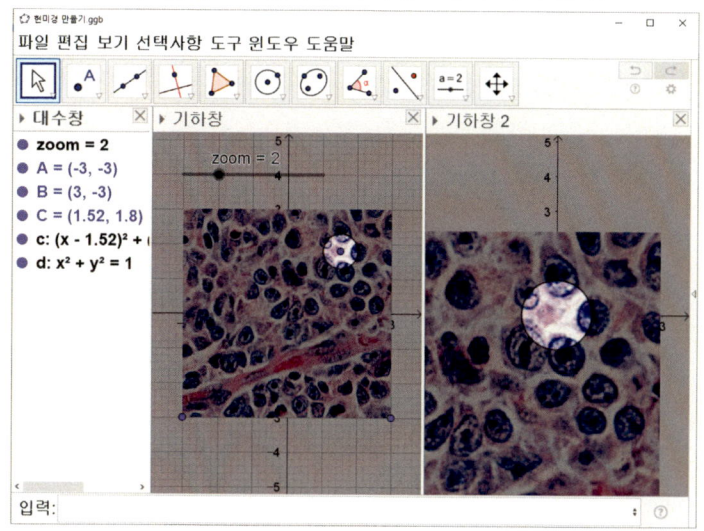

결과물 : https://www.geogebra.org/m/qknembhz

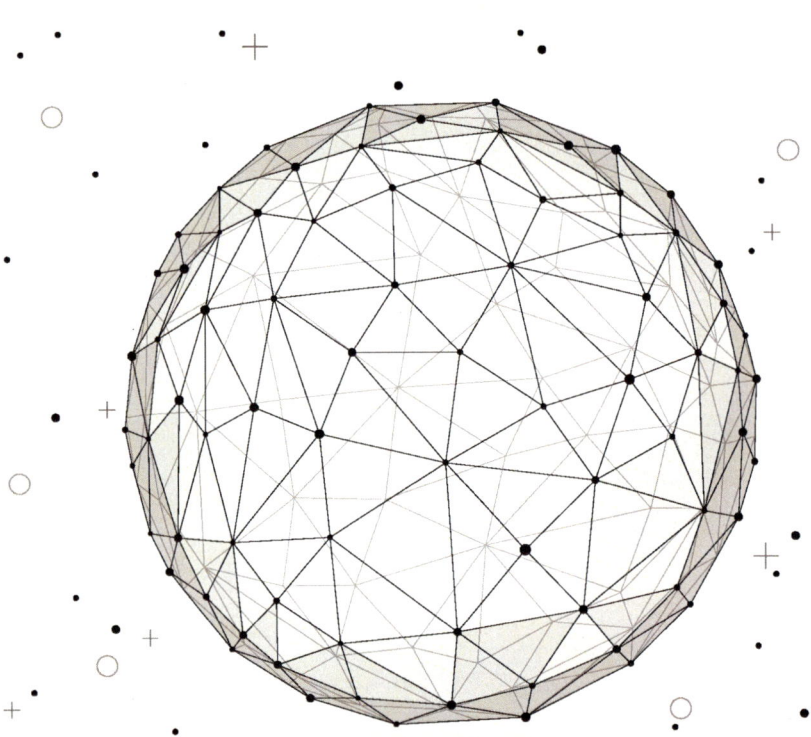

2
당구대

당구대의 가로와 세로 크기를 조절하게 만들어보자. 다음으로 그 안의 공이 벽에 부딪혀 반사되는 것을 구현하자.

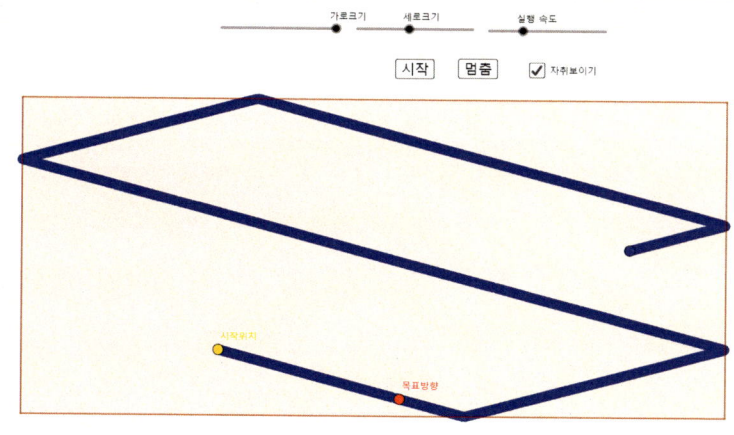

당구대 설계하기

① 슬라이더 [a=2] 도구를 사용하여 다음과 같이 슬라이더 a, b를 정의한다.
(a: 당구대 가로, b: 당구대 세로)

> 수, 최솟값: 1, 최댓값: 10, 증가: 0.5

② 슬라이더 c를 다음과 같이 정의한다. (c: 공을 움직이기 위한 변수)

> 수, 최솟값: 1, 최댓값: 100, 증가: 0.5

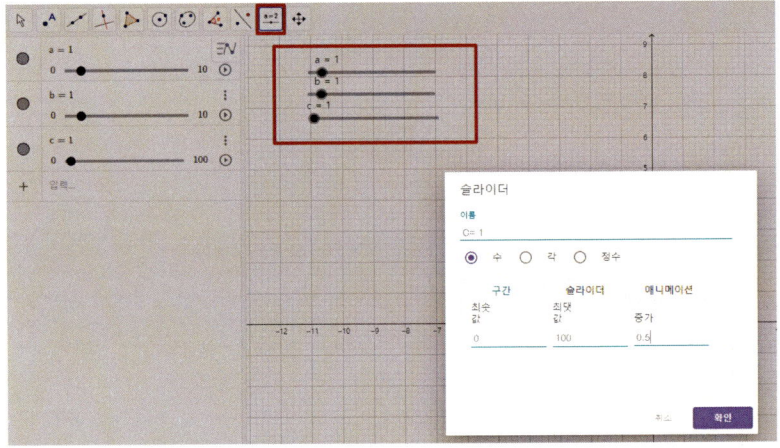

③ 당구대의 네 모서리를 만들기 위해, 대수셀에 다음을 차례로 입력한다.

```
(0, 0)
(a, b)
(a, 0)
(0, b)
```

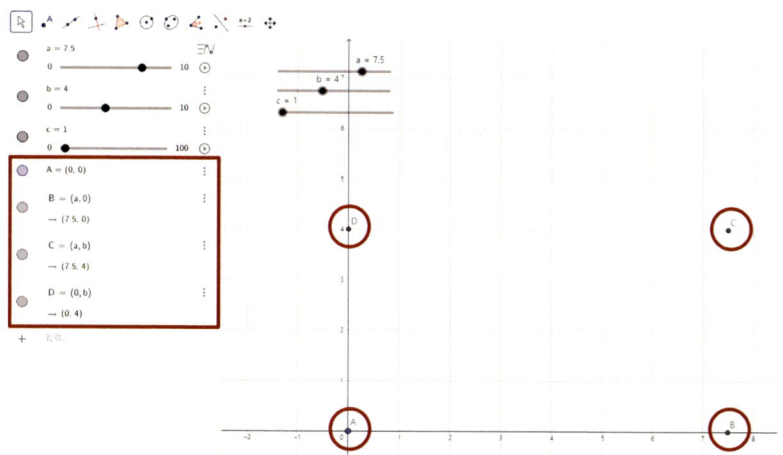

④ 다각형 도구로 네 점을 클릭하여 사각형을 만든다.

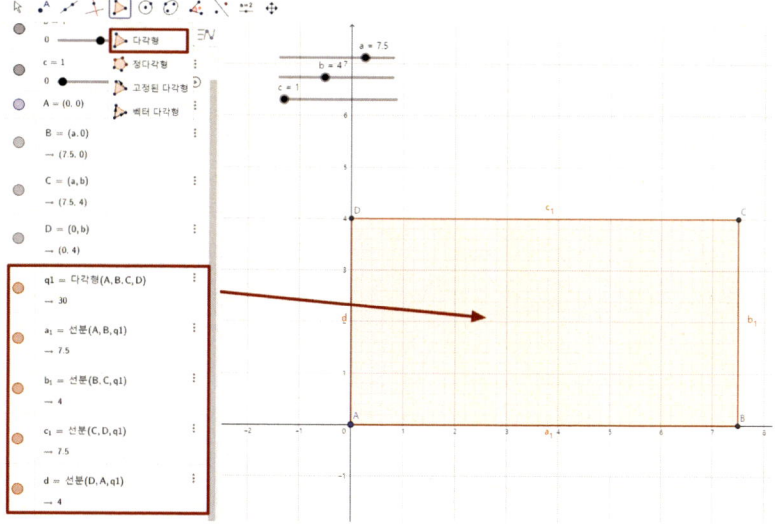

⑤ 사각형 안에서만 움직이는 두 점을 만들기 위해, 대수셀에 다음과 같이 차례로 입력합니다.[1]

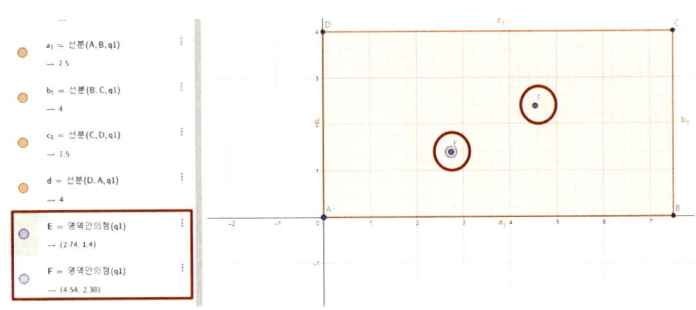

⑥ 두 점의 설정 사항에서 색상은 각각 "노랑", "빨강", 스타일 탭에서 "점 크기 9"로 설정한다.[2]

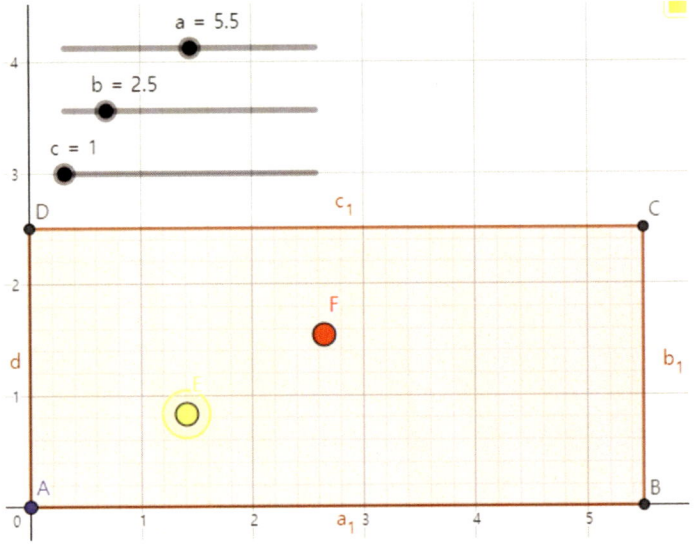

---

[1] 한 점은 당구공의 처음 위치를 나타내며, 다른 점은 당구공의 진행 방향을 나타낸다.
[2] 공의 시작 위치: 노랑, 공의 목표 방향: 빨강

⑦ 반직선 EF를 만들기 위해, 대수셀에 다음과 같이 입력한다.

반직선(E, F)

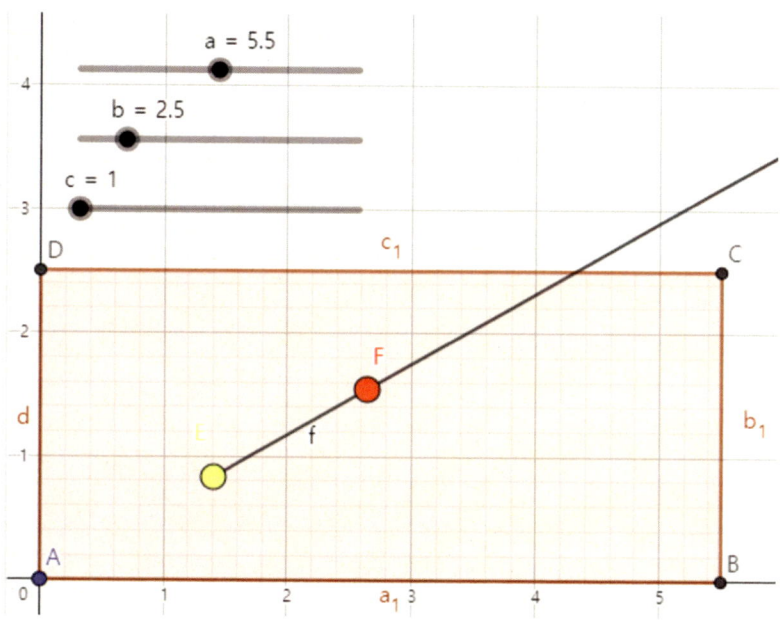

⑧ 당구공이 가로 범위를 벗어날 때 공을 반사시키기 위하여 g(x), 세로 범위를 벗어날 때 공을 반사시키기 위하여 h(x)를 아래와 같이 정의한다.

g(x)=조건(x>a, 2a-x, x<=a, x)
h(x)=조건(x>b, 2b-x, x<=b, x)

⑨ 움직이는 당구공을 정의하기 위해, 대수셀에 다음과 같이 입력한다.[3]

(g(나머지(c,2a)), h(나머지(f(c),2b)))

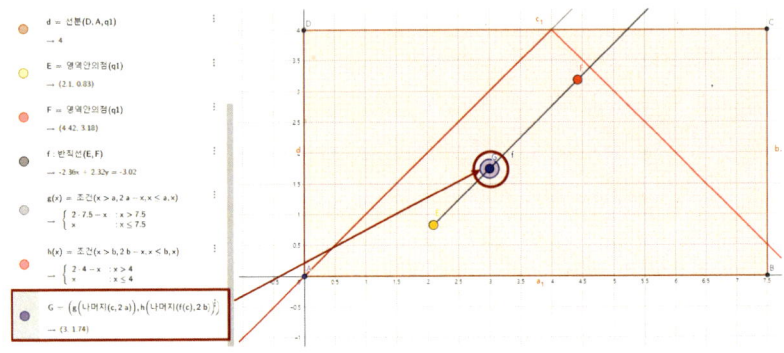

---

[3]"나머지(f(c),2b)"는 f(c) 즉 공의 높이가 당구대 세로 길이의 2배가 넘으면 2b로 나눈 나머지를 높이로 변환해 준다.

제어 버튼 만들기

① 버튼 OK 도구를 선택하여 "시작" 버튼을 만든다. 나타나는 창에 다음과 같이 입력한다.[4]

> 1. 캡션 : 시작
> 2. 지오지브라 스크립트
> 크게보기(1)
> 값설정(c, 0)
> 애니메이션시작 (c,true)

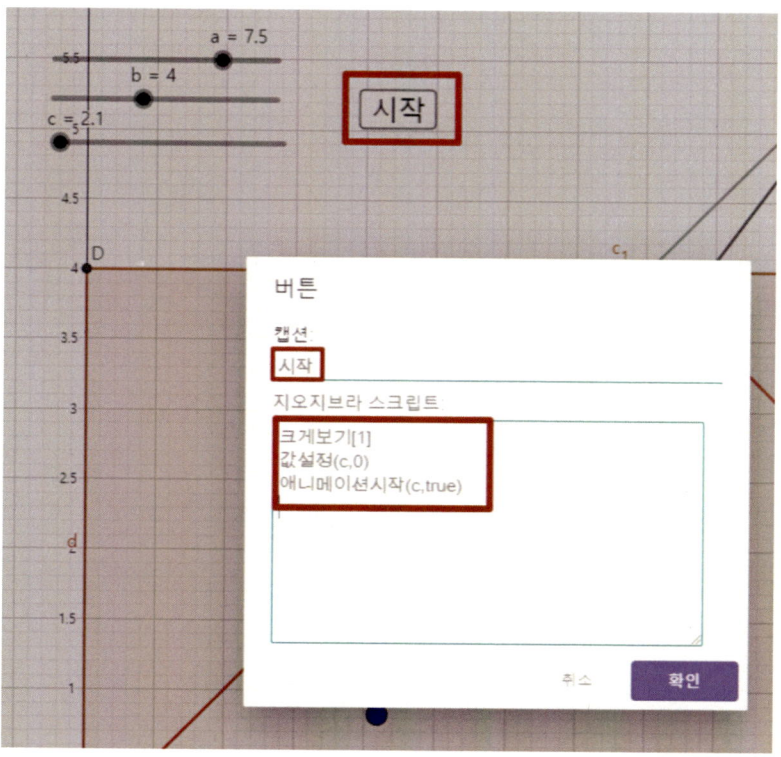

---

[4] "크게보기(1)"은 화면을 새로고침하는 효과를 준다.
"값설정(c, 0)"은 c에 0을 대입한다.
"애니메이션시작(c, true)"는 슬라이더 c의 동작을 시작한다.

2 당구대 | 17

② 비슷한 방법으로 "멈춤" 버튼을 만든다. 나타나는 창에 다음과 같이 입력한다.[5]

1. 캡션 : 멈춤
2. 지오지브라 스크립트
애니메이션시작 (c,false)

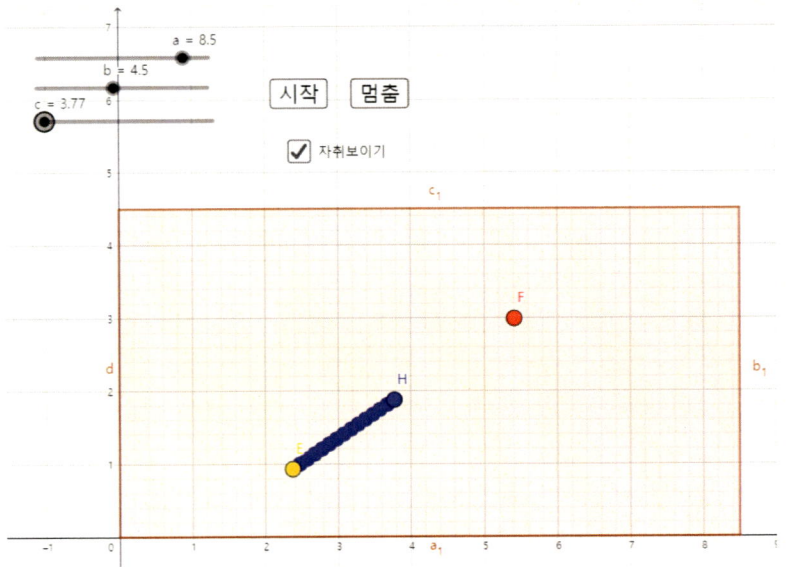

결과물 : https://www.geogebra.org/m/f7abemy9

---

[5] "애니메이션시작(c, false)"는 슬라이더 c의 동작을 멈춘다.

3

걸어가는 애니메이션

애니메이션은 동작이 다른 그림을 연속적으로 제시하여 움직임을 나타내는 것이다. 드롭다운 리스트에서 애니메이션 방향을 오른쪽, 아래쪽, 왼쪽, 위쪽을 선택하도록 만들어보자.

애니메이션

① 대수셀에 다음과 같이 입력하여 l1을 정의하자.[1]

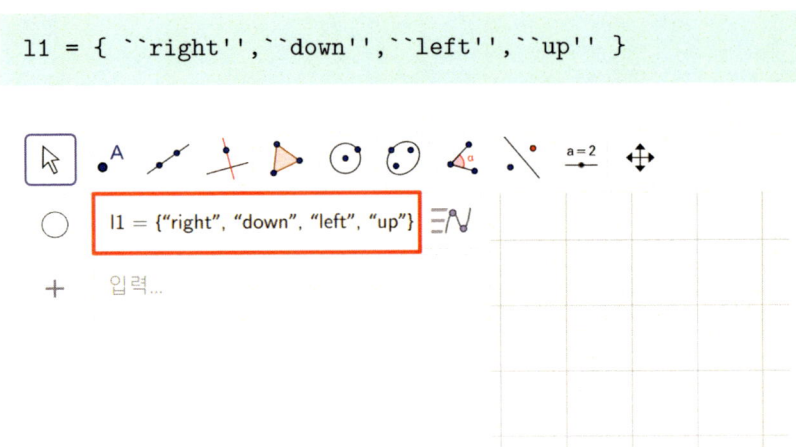

② 리스트 l1의 설정사항에서 "드롭다운 리스트로 그리기"를 선택하면, 화면과 같이 나타난다.

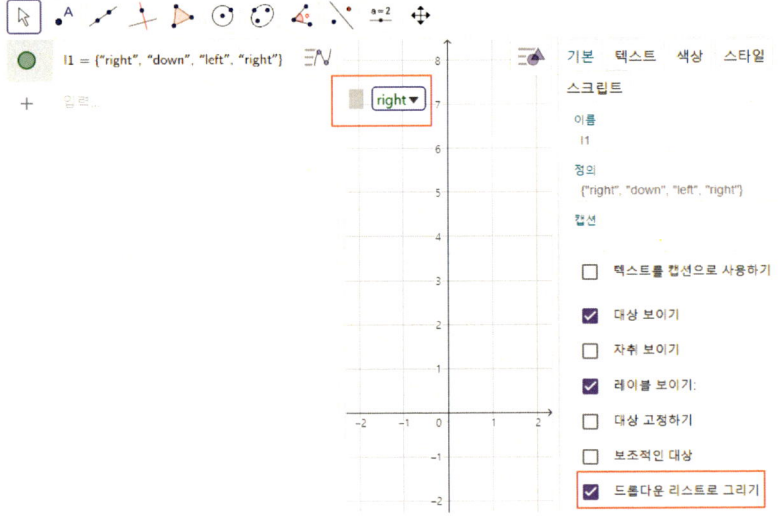

---

[1] 텍스트로 정의하기 위해 따옴표(" ")를 사용하여 입력한다.

③ 슬라이더 [a=2] 도구를 사용하여 다음과 같이 슬라이더를 정의한다.

정수, 최솟값: 0 , 최댓값: 16 , 증가: 2

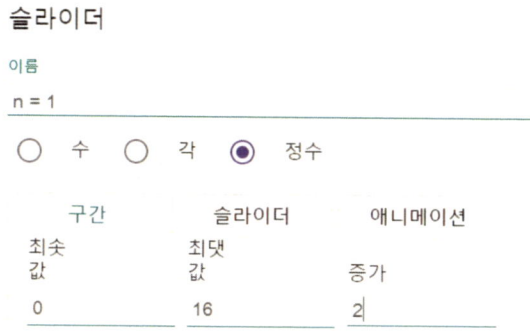

④ 드롭다운 리스트와 연결하기 위해, 대수셀에 다음을 입력한다.

a = 선택된인덱스(l1)-1

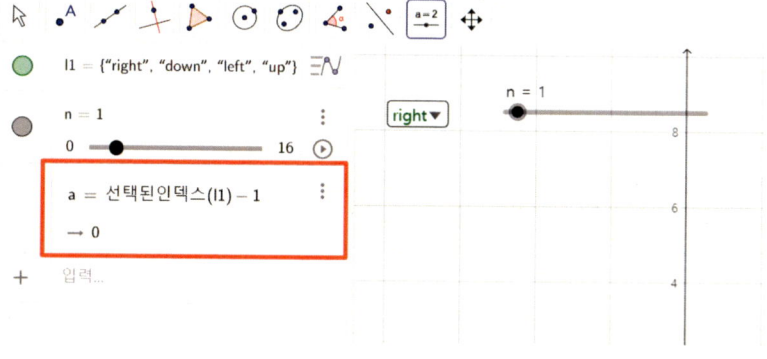

⑤ https://bit.ly/3D8tPbI에서 그림을 내려받는다.[2]

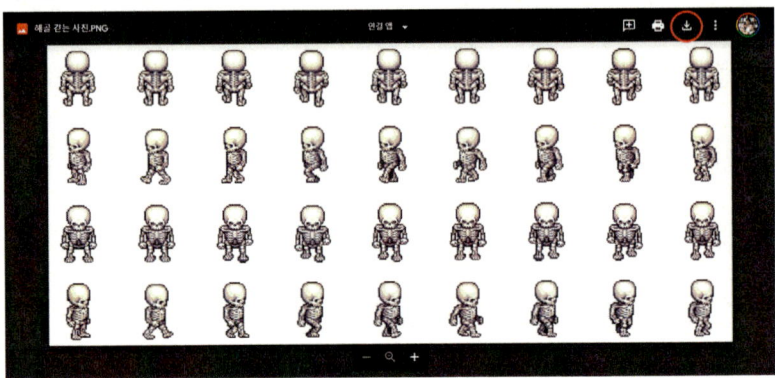

⑥ 기하창에 그림을 드래그 앤 드롭한다.[3]

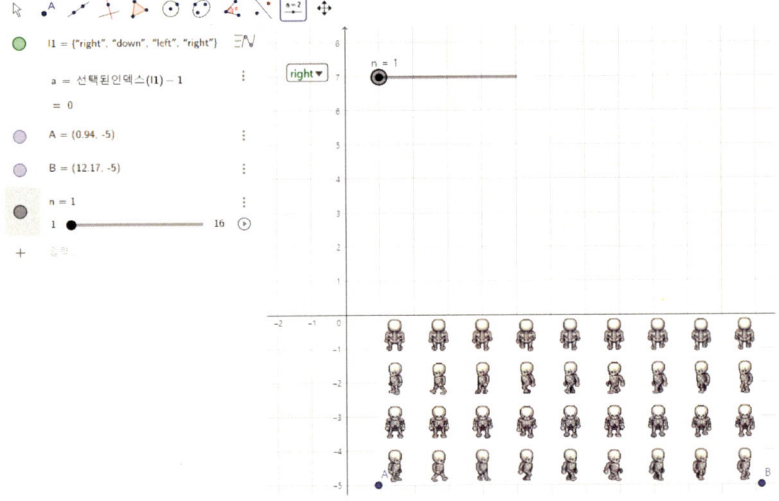

---

[2] 구글에서 "spritesheet"로 검색하면 다양한 그림을 볼 수 있다.
[3] 그림의 양 끝점은 A, B이다.

⑦ 대수셀의 A, B를 다음과 같이 차례로 수정한다.

```
A=(-n, -2a)
B=(-n+18, -2a)
```

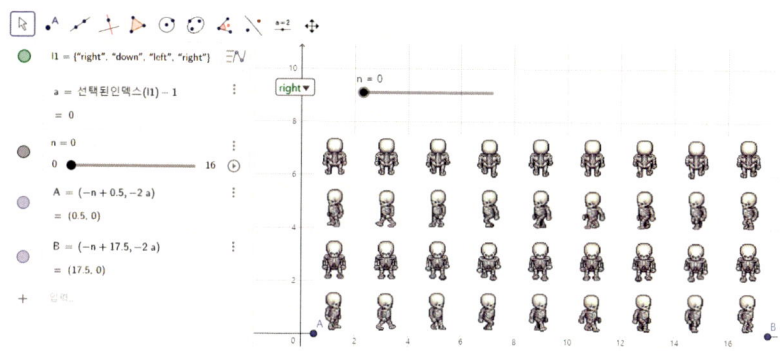

[해설]

① 그림 하나의 가로 폭을 2라고 할 때, 9개의 그림이므로 총 18이다.
② 전체 그림이 2씩 이동하면 원점 근처에서 9개의 그림이 반복적으로 나타난다.
③ 드롭다운 리스트의 반환값(1,2,3,4)에서 1을 뺀 값을 a라 할 때 -2a 로 설정하여 그림을 낮추면 걷는 방향에 해당하는 그림이 나타나도록 할 수 있다.
④ 슬라이더의 반복을 ``증가''로 설정하면 계속해서 걸어가는 그림을 볼 수 있다.

⑧ 슬라이더를 드래그하면서 원점 근처를 바라보면 걸어가는 애니메이션이 나타난다.

채움 반전

① 원점에서 한 변의 길이가 2인 정사각형을 명령어로 정의한다.

> 사각형((0,0), (2,0), 4)

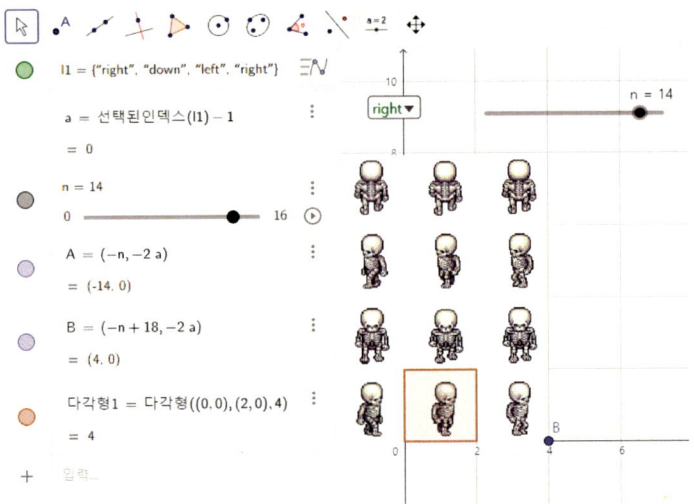

② 사각형의 설정사항의 "스타일" 탭에서 "채움 반전"을 선택한다.[4]

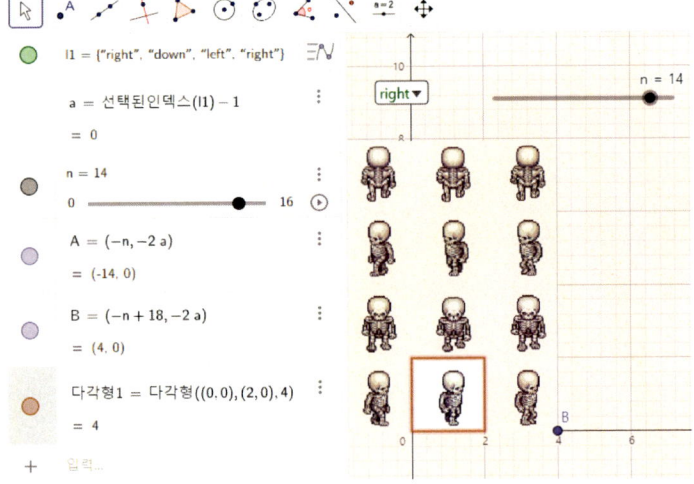

---

[4] 사각형의 불투명도를 100으로 하면 걸어가는 그림만 보인다.

결과물 : https://www.geogebra.org/m/fvmdwcnd

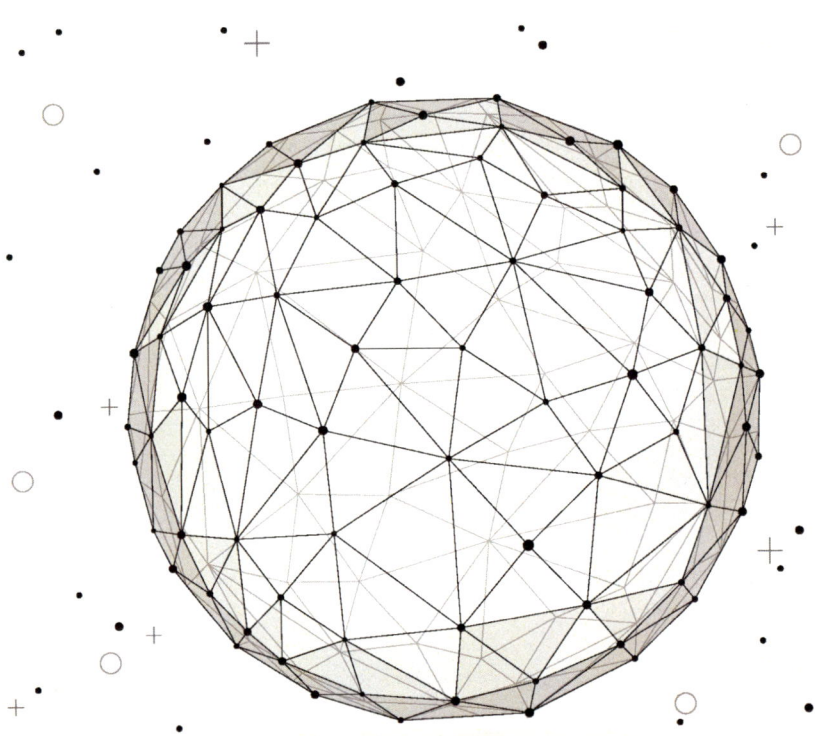

4
뢸로 삼각형 회전

반지름이 1인 원 위에 점 A가 있다. 이때 점 A를 중심으로 한 변이 6.8인 정사각형을 회전하는 뢸로 삼각형을 만들어보자.[1]

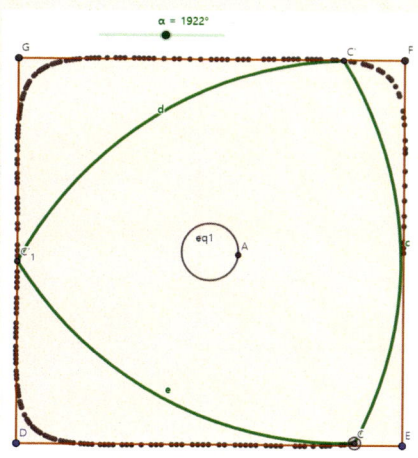

---

[1] 뢸로 삼각형은 삼각형 모양의 정폭 도형이다. 정폭 도형에서 도형과 접하는 두 평행선 사이의 거리가 항상 일정하며, 이때 두 평행선 사이의 거리를 폭이라고 한다.

애니메이션

① 슬라이더 [a=2] 도구를 사용하여 다음과 같이 슬라이더를 정의한다.

각, 최솟값: 0° , 최댓값: 3600° , 증가: 1°

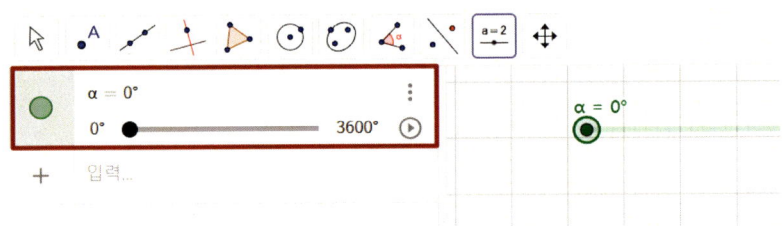

② 대수셀에 다음을 차례로 입력한다.[2]

```
A=( cos(-3α), sin(-3α) )
B=( 7.8cos(α+π), 7.8sin(α+π) )
C= A + B
```

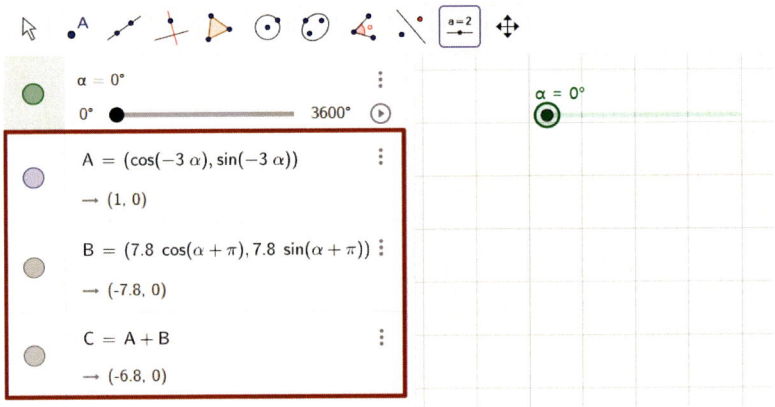

---

[2] 점 A는 반지름이 1인 원 위에서 시계 방향으로 회전한다.
점 B는 반지름이 7.8인 원 위에서 시계 반대 방향으로 회전한다.
C = A + B이므로 두 움직임이 합쳐져 나타난다.

③ 점 C를 회전시키기 위해 다음과 같이 입력한다.

> 회전(C, 120°, A)
> 회전(C, -120°, A)

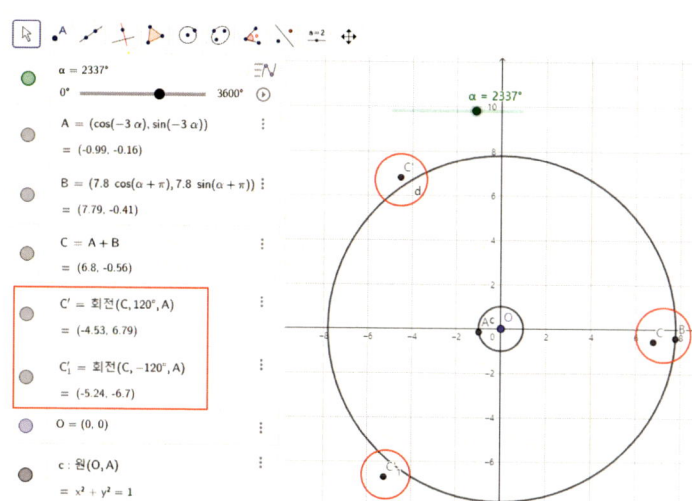

④ 원호 도구를 사용하여, 원호 $CC'C'_1$ 을 만든다.

또한 $C'C'_1C''$ 과 C'_1CC' 을 만든다.

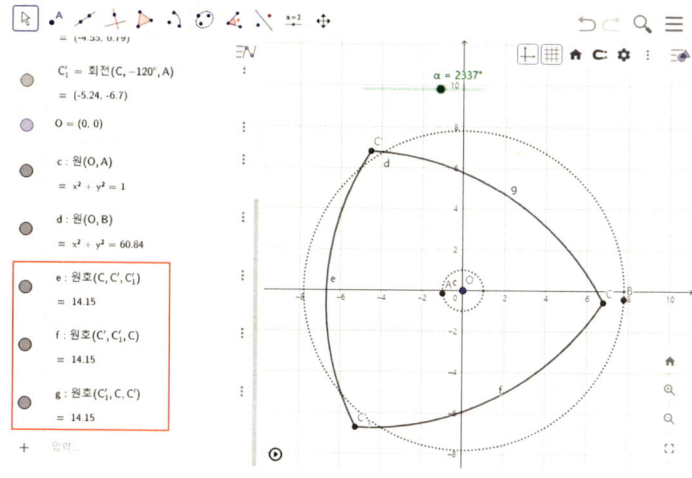

4 뢸로 삼각형 회전 | 29

⑤ 대수셀에 (-6.8,-6.8), (6.8,-6.8)을 입력한다.

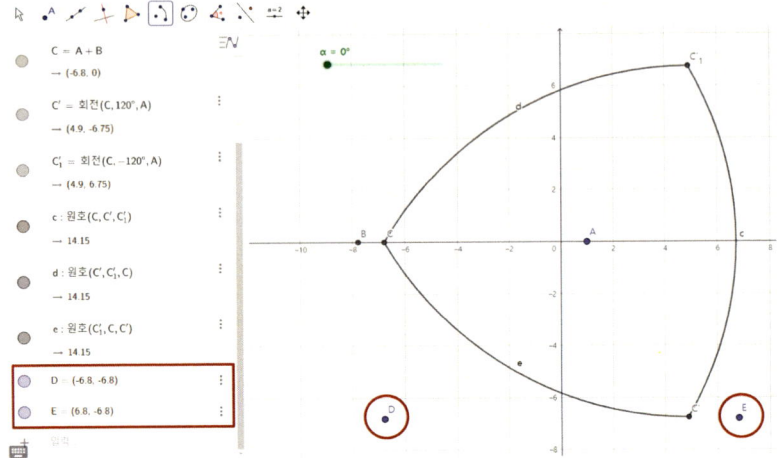

⑥ 정다각형 도구를 선택하고 선분 DE가 한 변인 정사각형을 만든다.

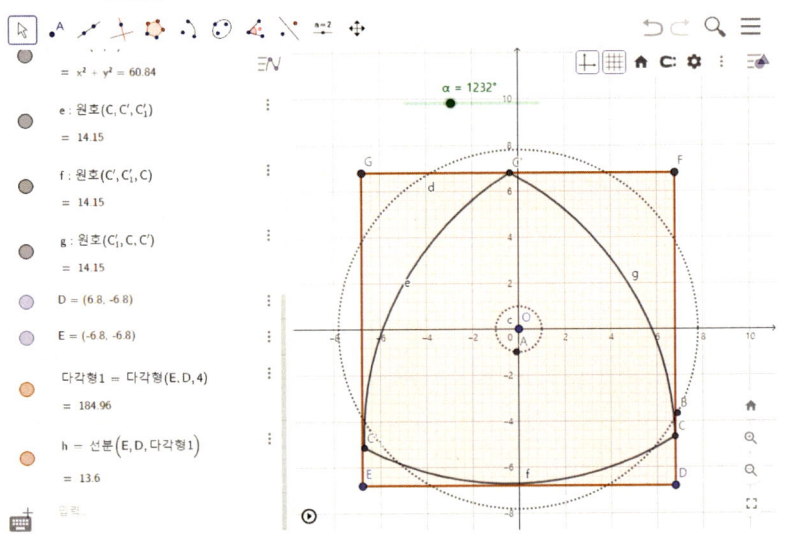

결과물 : https://www.geogebra.org/m/gqxbzxae

5
정다각형 회전

정다각형이 바닥을 굴러갈 때 한 꼭짓점이 그리는 자취를 나타낼 수 있다.

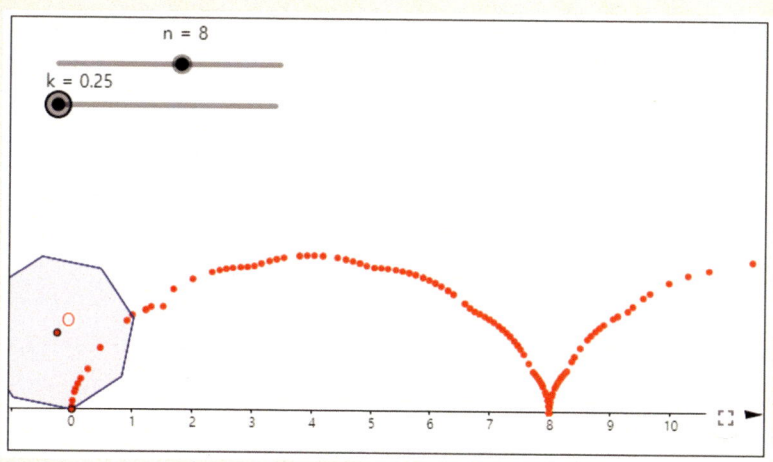

① 슬라이더 [a=2] 도구를 이용하여 정수 n(슬라이더)을 만든다.

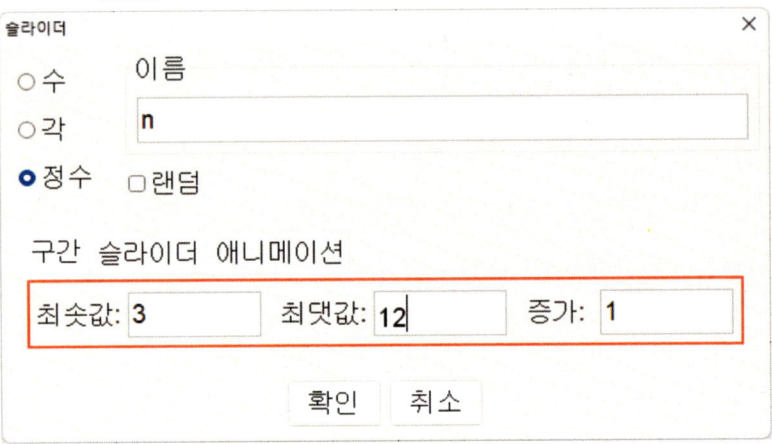

② 슬라이더 [a=2] 도구를 이용하여 수 k(슬라이더)를 만든다.

③ x축 위의 정수로만 이동하는 점 A를 정의하기 위해 입력창에 다음과 같이 입력한다.

```
A = ( floor(k) , 0 )
```

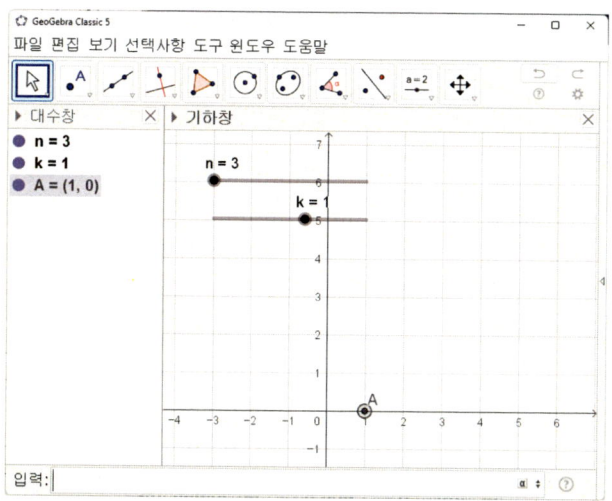

④ 정다각형의 한 외각을 구하기 위해 입력창에 다음과 같이 입력한다.

```
a = 2pi/n
```

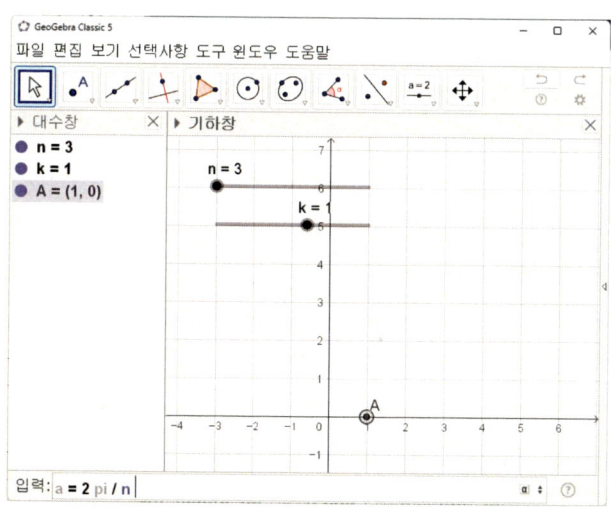

5 정다각형 회전 | 33

⑤ 점 A에 대하여 외각만큼 회전한 점 B를 구하기 위하여 입력창에 다음과 같이 입력한다.

B = A + (cos(a) , sin(a))

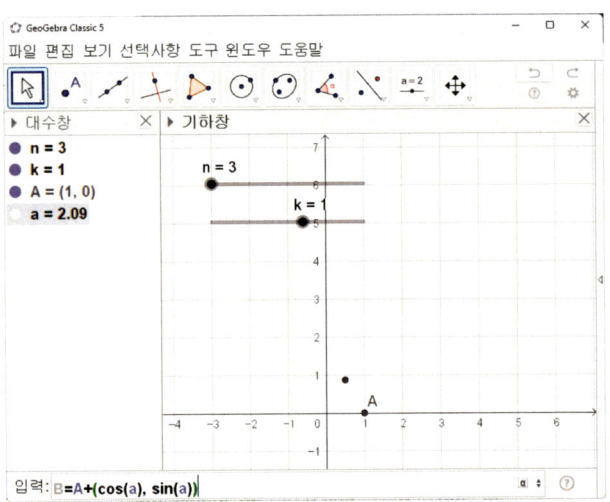

⑥ 점 B에서 점 A로 회전하여 움직이는 점 B'을 구하기 위하여 입력창에 다음과 같이 입력한다.

회전(B , -(k - floor(k)) a , A)

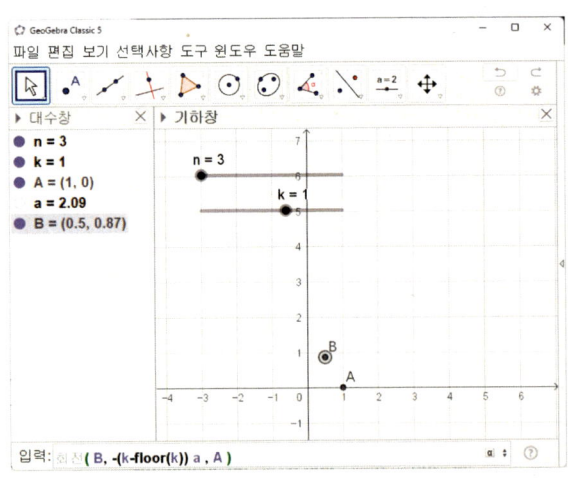

⑦ 정다각형 도구를 선택한 후, 점 A, 점 B'을 클릭하여 n각형을 정의한다.

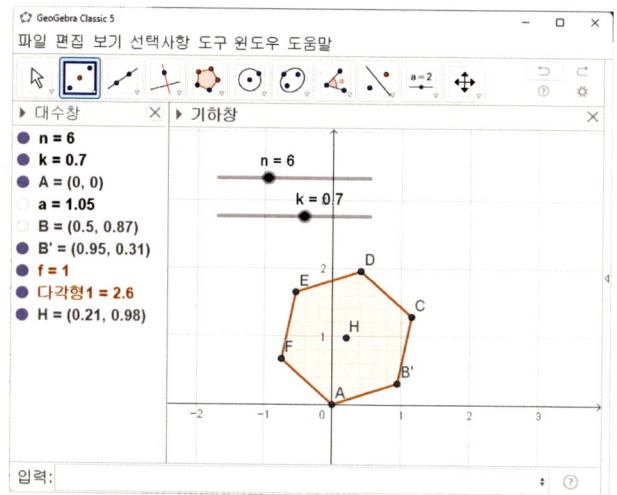

⑧ 중점 또는 중심 도구를 선택한 후 다각형을 클릭하여 중심 H를 만든다. 그 다음 점 A'을 정의하기 위하여 입력창에 다음과 같이 입력한다.

회전(A, -floor(k) a, H)

마지막으로 점 A'의 자취가 나타나도록 하면 정다각형이 바닥을 굴러갈 때 한 꼭짓점이 남긴 자취를 그릴 수 있다.

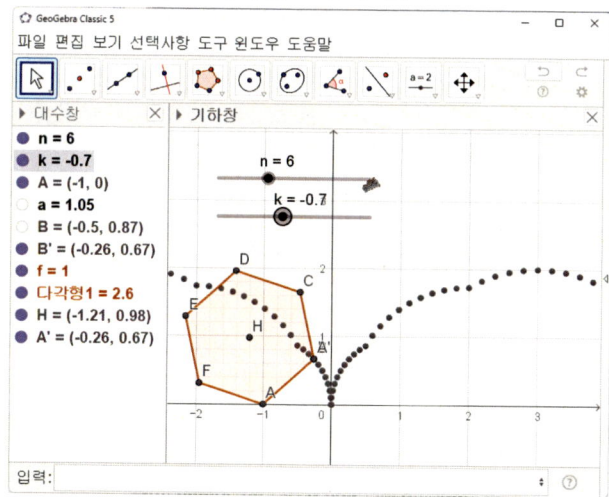

결과물 : https://www.geogebra.org/m/vebyfm9j

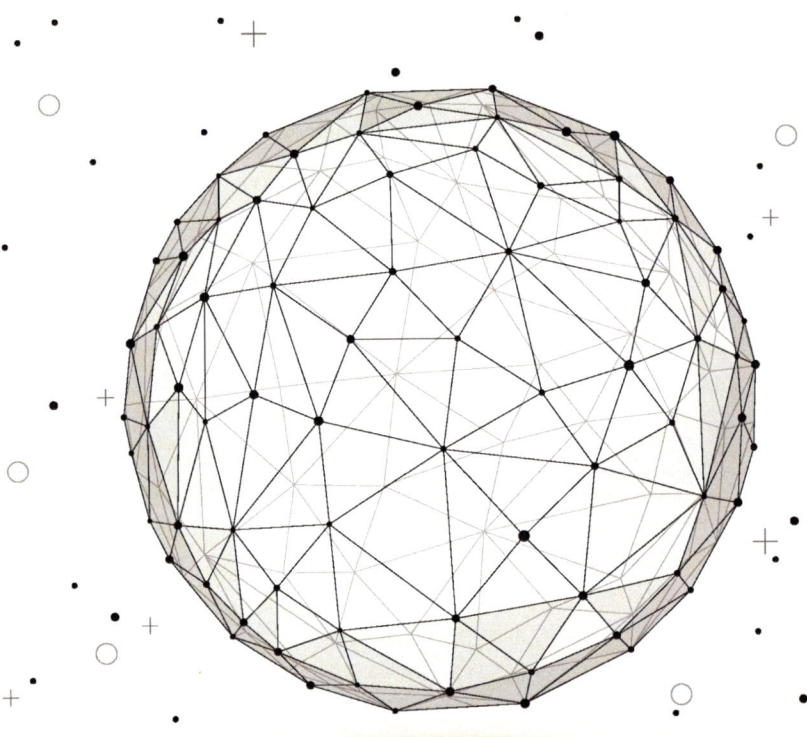

6
사이클로이드 곡선

사이클로이드 곡선은 평평한 지면을 굴러가는 바퀴 위의 한 점이 그리는 자취이다. 지오지브라에서 사이클로이드 곡선을 그려보자.

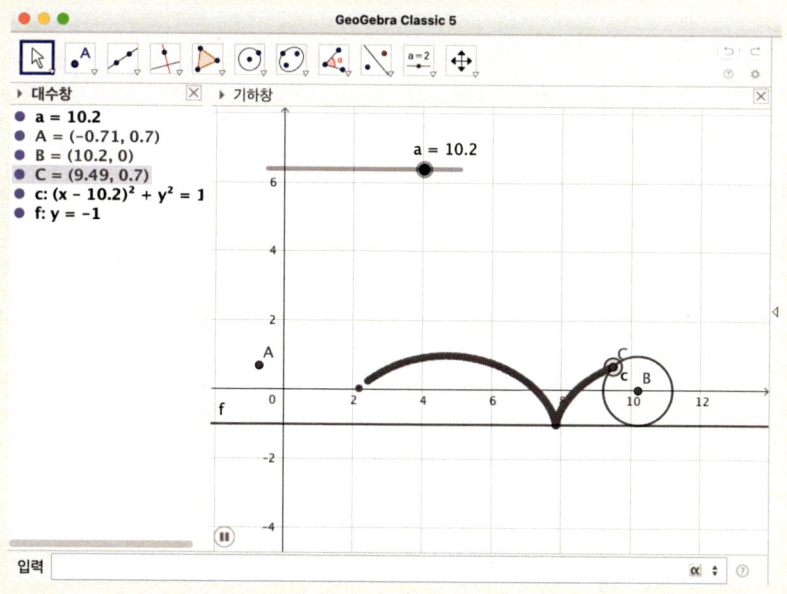

① 슬라이더 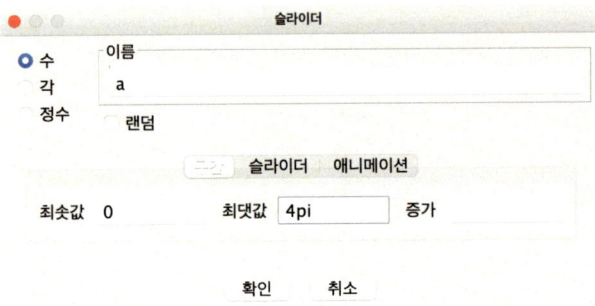 도구를 사용하여 다음과 같이 슬라이더를 정의한다.

> 수, 최솟값: 0, 최댓값: 4pi

② 회전 운동을 하는 점 A와 직선 운동을 하는 점 B를 정의하기 위하여 입력창에 다음과 같이 차례로 입력한다.

> A = (cos(-a) , sin(-a))
> B = (a , 0)

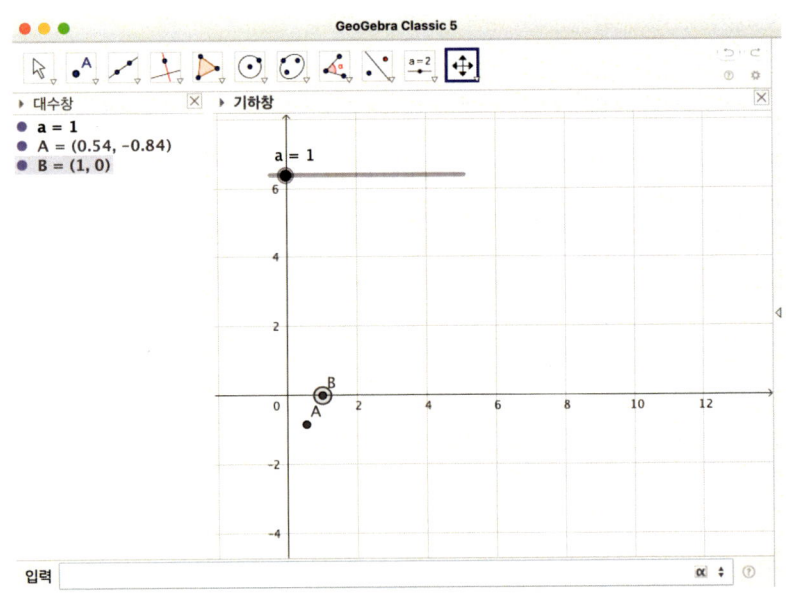

③ 회전 운동을 하면서 직선 운동을 하는 점 C를 정의하기 위하여 입력창에 다음과 같이 입력한다.

C = A + B

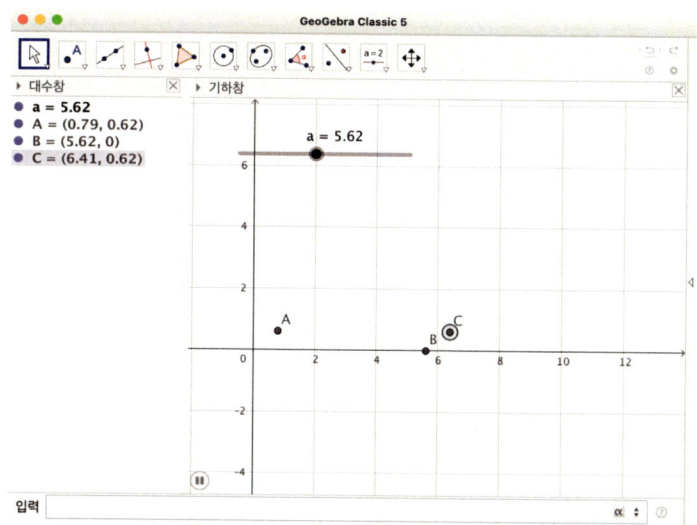

④ 중심이 있고 한 점을 지나는 원  도구를 선택한 후, 점 B, 점 C를 차례로 클릭하여 원을 만든다.(바퀴)

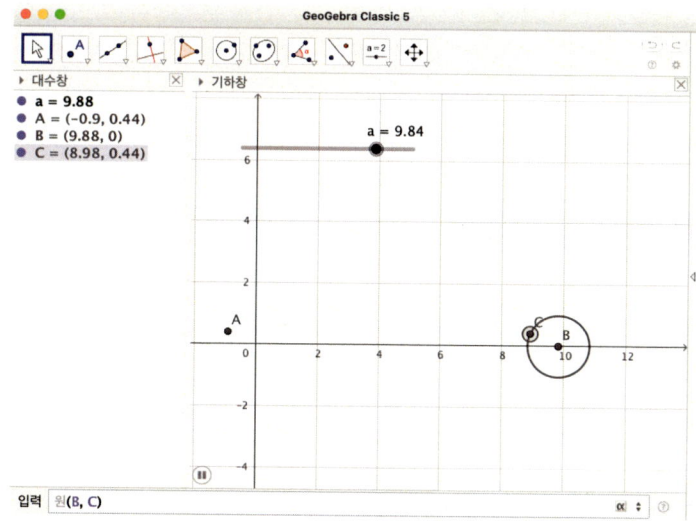

⑤ 지면을 그리기 위하여 입력창에 다음과 같이 입력한다.

y = -1

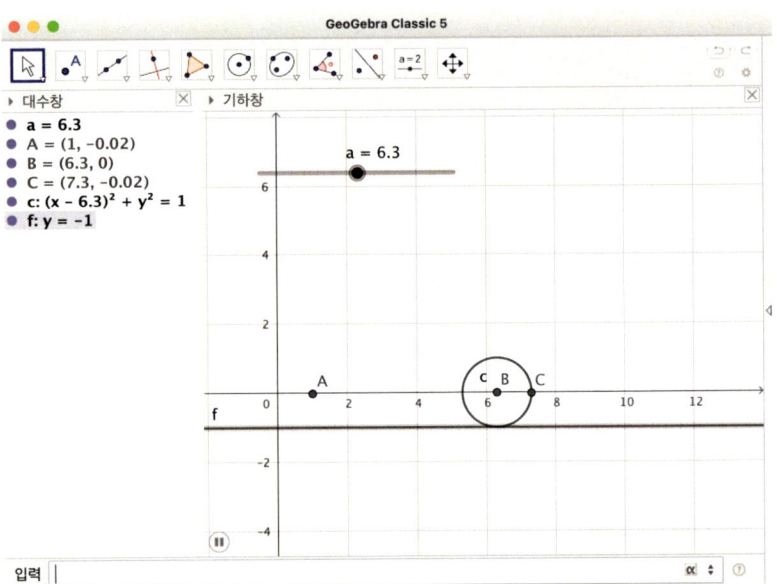

⑥ 점 C 위에서 마우스 오른쪽 버튼을 클릭하여 자취 보이기를 선택한다.

⑦ 슬라이더의 애니메이션을 설정하면 사이클로이드 곡선이 나타난다.

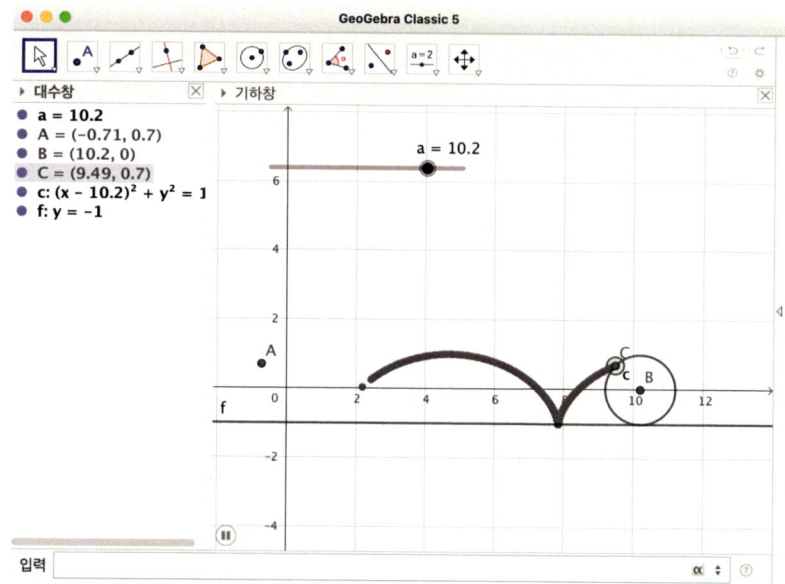

결과물 : https://www.geogebra.org/m/rwexjrgs

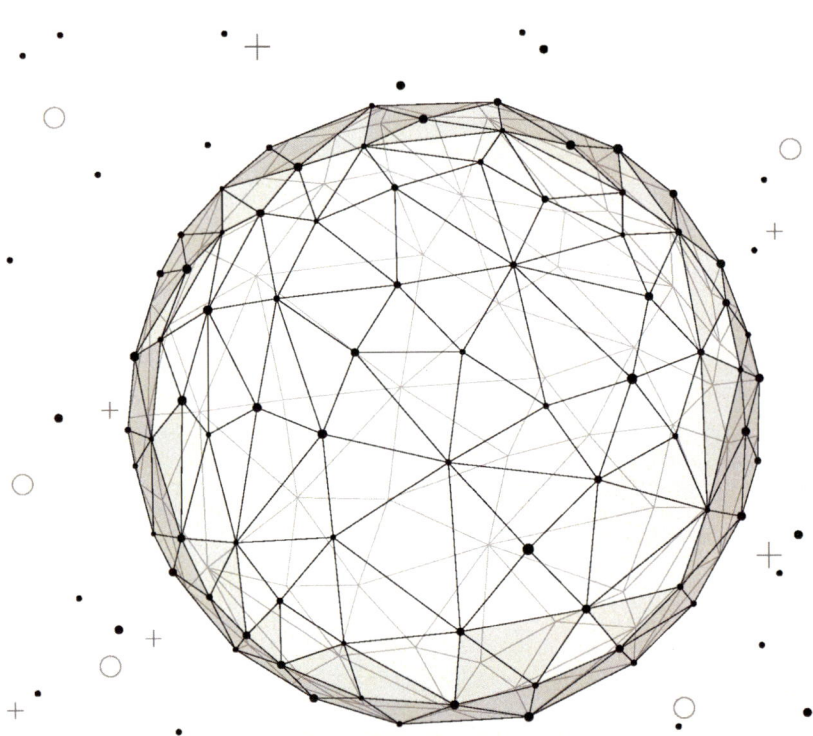

7
사이클로이드 진자

사이클로이드 진자는 사이클로이드 곡선의 등시성으로 인하여 주기가 항상 일정해지므로 시계 제작에 많이 활용된다. 사이클로이드 곡선의 뾰족한 점에 걸린 진자가 진동하도록 해 보자.

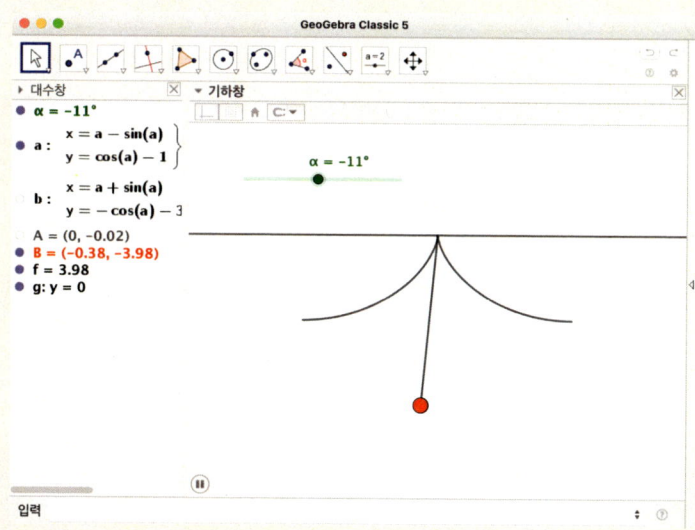

① 슬라이더 [a=2] 도구를 사용하여 다음과 같이 슬라이더를 정의한다.

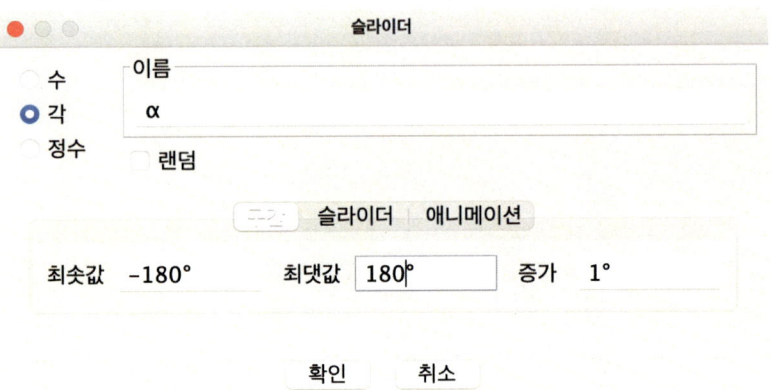

② 사이클로이드 곡선을 정의하기 위해 입력창에 다음과 같이 입력한다.

곡선(a-sin(a), cos(a)-1, a, -pi , pi)

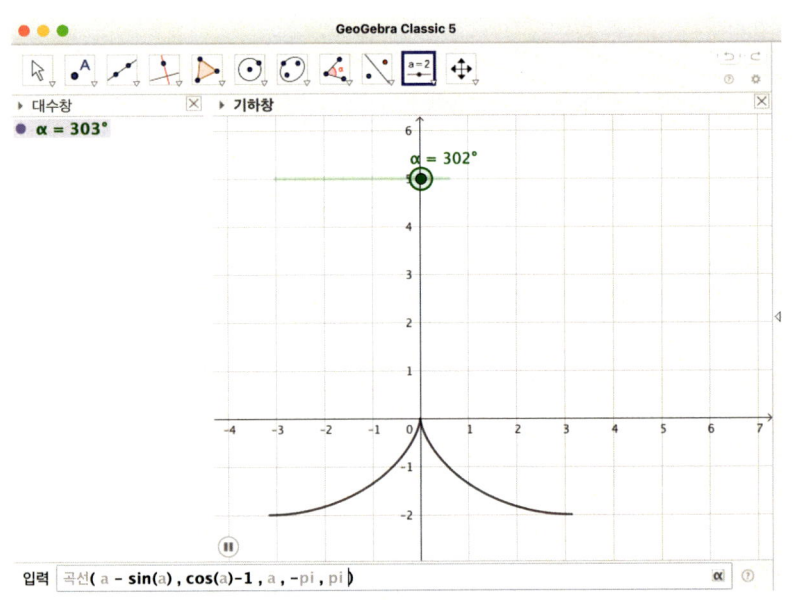

③ 진자의 이동 경로를 표시하기 위해 입력창에 다음과 같이 입력한다.

  곡선(a + sin(a), - cos(a) - 3, a, -pi, pi)

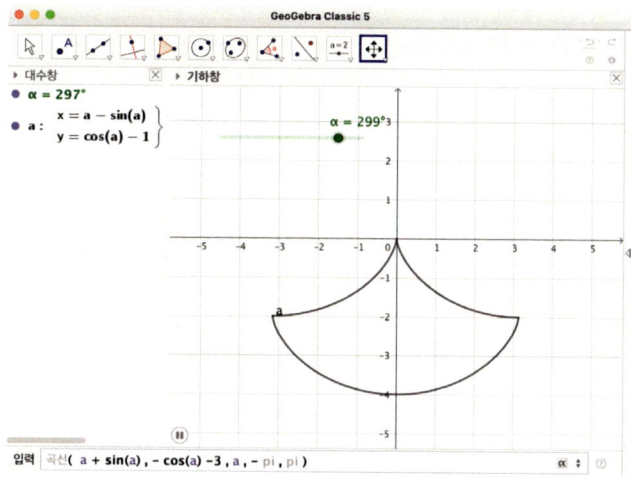

④ 사이클로이드에 닿는 점 A와 진자 B를 표시하기 위해 입력창에 다음과 같이 입력한다.

  A = (α - sin(α) , - cos(α) - 1)
  B = (α + sin(α) , - cos(α) - 3)

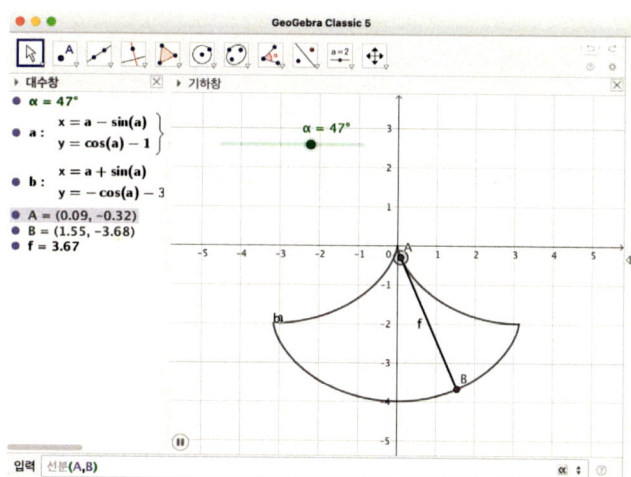

⑤ 천정을 표시하기 위해 입력창에 "y = 0"과 같이 입력한다. 점 A는 보이지 않게 한다.

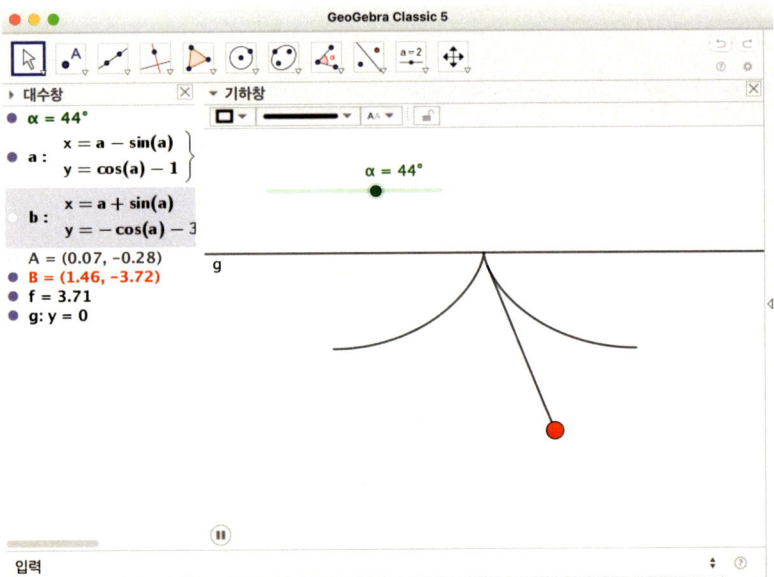

⑥ 슬라이더의 애니메이션을 활성화하면 진자가 움직이는 것을 볼 수 있다.

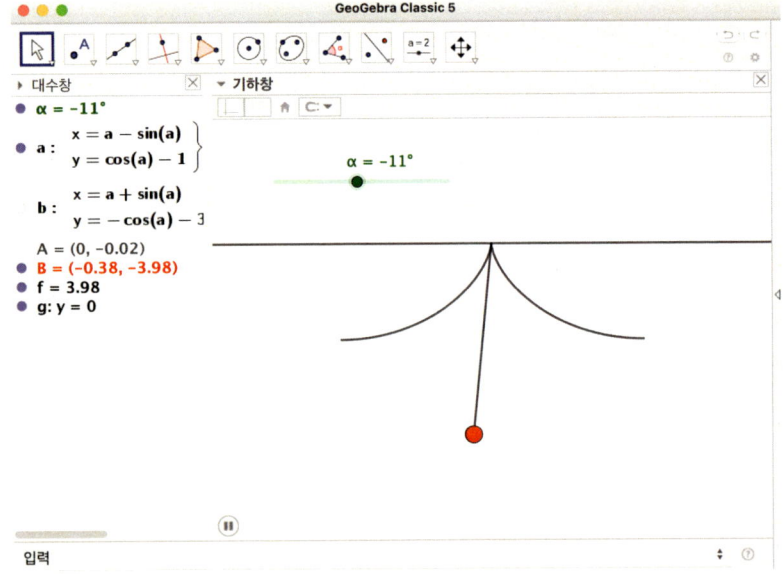

결과물 : https://www.geogebra.org/m/eky2yaa2

제 II 편

자바스크립트 활용 설계

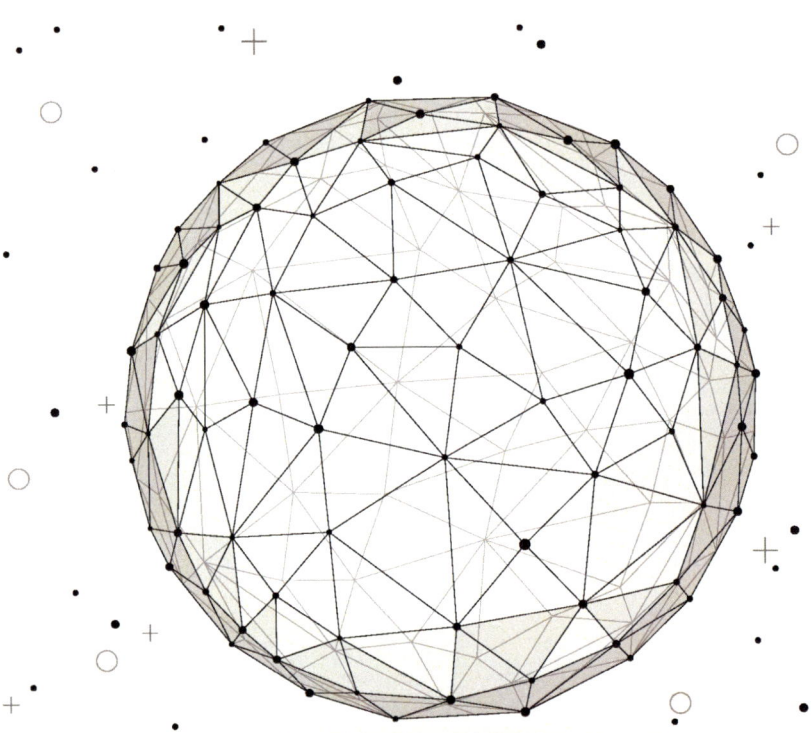

8

지오지브라 반응형 자바스크립트 코딩

지오지브라에서는 학습자의 조작에 따라 반응하는 자바스크립트 코딩을 작성할 수 있다. 예를 들면 학습자가 특정 조작을 수행할 때 정해진 반응을 제시하는 것이다. 지오지브라 학습자료에 이와 같은 자료를 포함시키면 지오지브라 자료가 학습자에게 맞춤형으로 도움을 제공할 수 있다.

알림창 제시

지오지브라에서 버튼을 클릭하면 시각에 따라 "오전입니다.", "오후입니다."의 메시지를 제시하게 할 수 있다.

① 버튼 OK 도구를 사용하여 버튼을 하나 만든다.

② 만들어진 버튼의 설정사항에서 '스크립트 - 클릭할 때' 창에 다음과 같은 코드를 입력한다.

```
var date = new Date();
var hour = date.getHours();
if(hour < 12) { alert("오전입니다"); }
if (hour >=12) { alert("오후입니다"); }
```

스위치(switch) 명령 사용하기

조건 분기를 위한 명령인 switch를 사용해 보자. 버튼을 클릭하면 입력받은 수가 홀수 또는 짝수인지 판정한 후 메시지를 제시하는 코드를 작성하자. 지오지브라에서 버튼을 만들고 설정사항 창에서 '스크립트-클릭할 때'의 창에 다음 코드를 입력한다.

```
var input = Number(prompt("숫자를 입력하세요:","숫자"));
switch (input %2)
{
case 0:
    alert("짝수입니다");
    break;
case 1:
    alert("홀수입니다");
    break;
default:
    alert("숫자가 아닙니다");
    break;
}
```

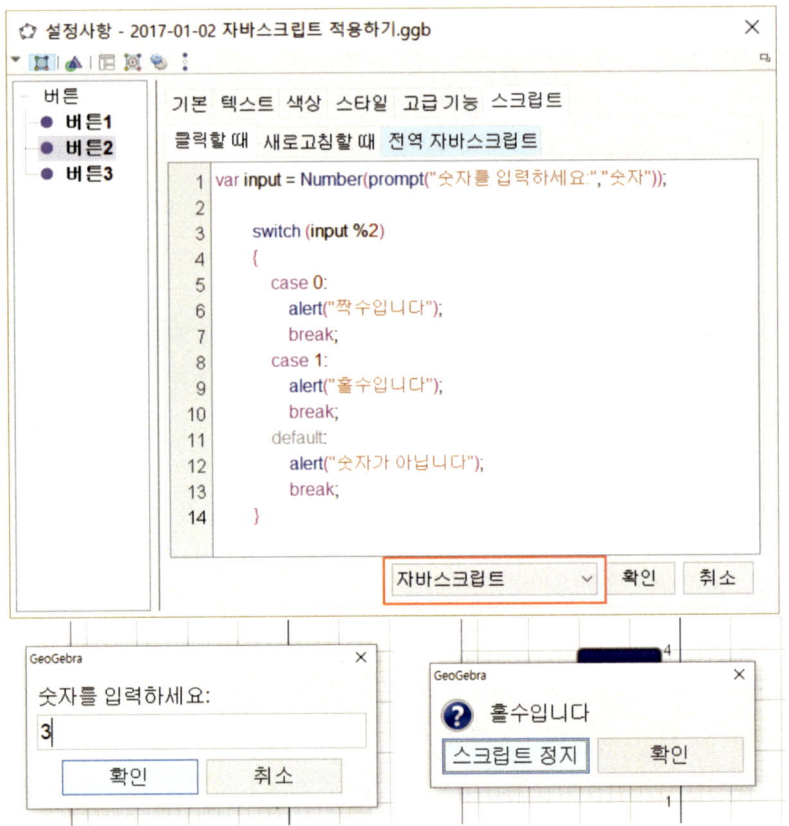

For 명령 사용하기

반복을 위한 명령인 for를 사용해 보자. 지오지브라에서 버튼을 만들고 설정사항 창에서 '스크립트-클릭할 때'의 창에 다음 코드를 입력한다.

```
var output = "";
for (var i=0; i<10 ;i++ )
{
    for (var j = 10;j>i ;j-- )
    {
        output += ' ';
    }
    for (var j=0;j<2*i-1 ;j++ )
    {
        output += "*";
    }
    output += "\n";
}
alert(output);
```

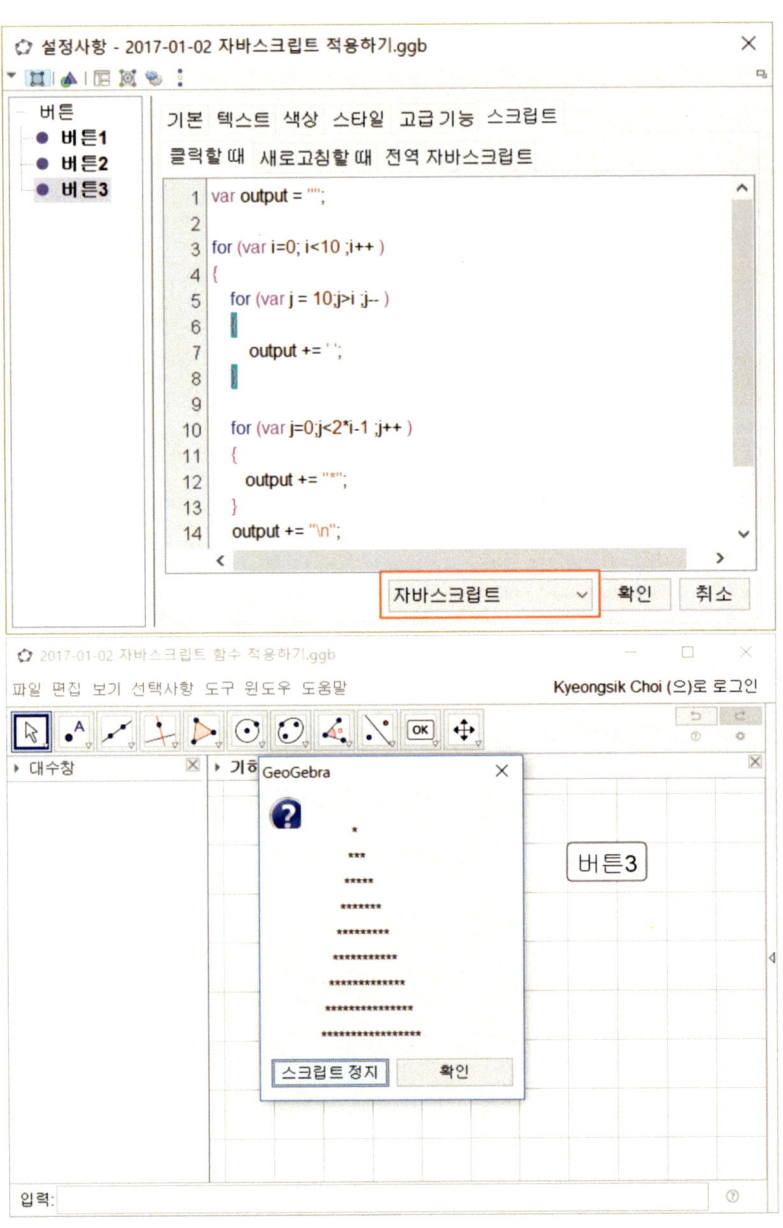

몬테카를로 방법으로 원의 넓이 측정하기

이번에는 지오지브라에서 몬테카를로 방법을 사용해서 원의 넓이를 측정하는 코드를 작성할 것이다. 이때 '실행' 버튼을 만들고 지오지브라 스크립트에 자바스크립트를 삽입할 것이다.

① 한 변의 길이가 1인 정사각형을 그리고 그 안에 내접하는 원을 그린다(반지름이 0.5).

② 버튼을 만들고 '스크립트-클릭할 때' 탭에 자바스크립트를 삽입한다.

```
var x = 0;
var y = 0;
var dist = 0;
var cnt = 0;
for( var i = 0 ; i < 1000 ; i ++ )
{
    x = Math.random();
    y = Math.random();
    ggbApplet.evalCommand("P_" + i + "= ( " + x + ", " + y + " )" );
    dist = Math.sqrt( (x-0.5)^2 + (y-0.5)^2 );
    if ( dist <= 0.5 )
    {
        cnt ++;
        ggbApplet.evalCommand( " 텍 스 트 1 = " + cnt / 1000 );
    }
}
```

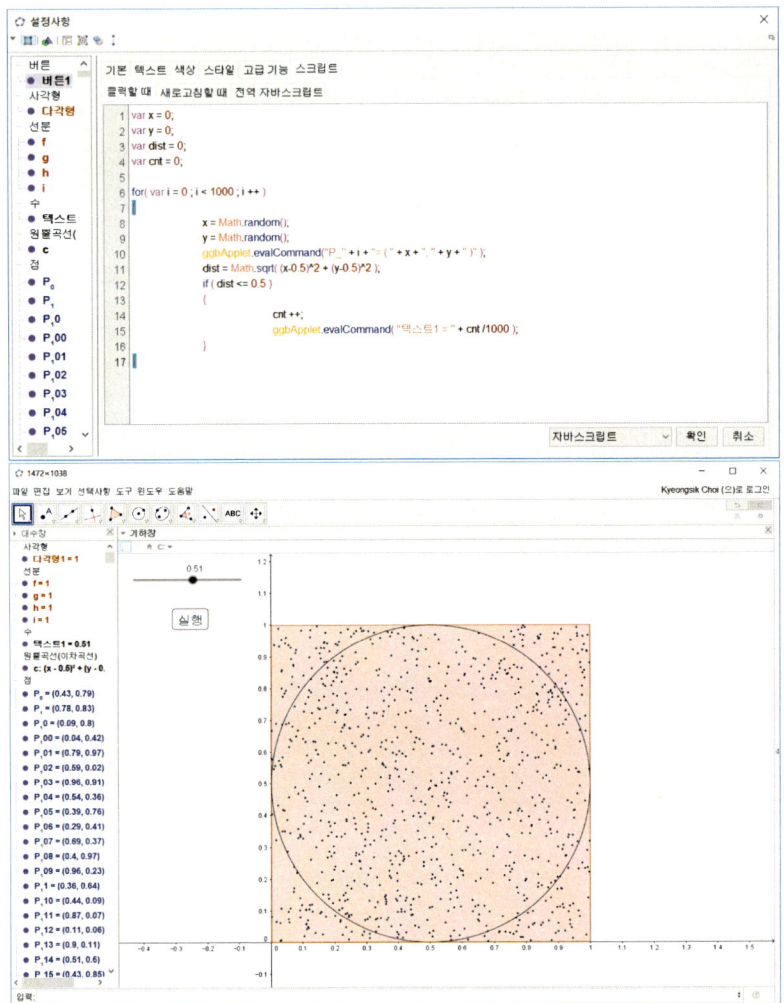

58 지오지브라를 활용한 창의적 콘텐츠 개발

지오지브라 전역스크립트

지오지브라가 실행되면 자동으로 실행되는 스크립트를 코딩할 수 있다.

① 점을 하나 만든다.

② 점의 설정사항의 '스크립트-전역 자바스크립트'에 아래의 코드를 입력한다.

```
function onAdd(name){
    alert(name+" 대상이 생성되었습니다.");
}
function ggbOnInit(){
    ggbApplet.registerAddListener("onAdd");
}
```

이때 onAdd() 함수는 지오지브라에서 어떤 대상이 새롭게 생성된 경우 작동된다. 위의 코드에 따르면 새로 생성된 대상의 이름과 함께 생성되었다는 메시지가 나타난다.

이 코드는 ggbOnInit() 함수에 의하여 지오지브라가 새롭게 시작되면 onAdd() 함수가 추가된다. 이를 통해 대상이 추가되는 이벤트를 감시하게 된다.

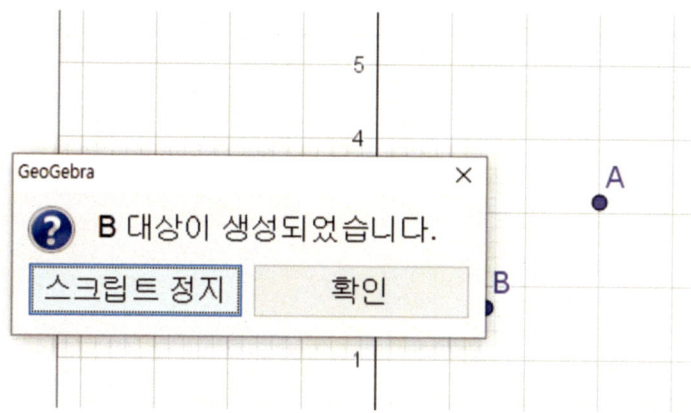

삼각형의 외심 작도 검증 스크립트

학습자가 삼각형의 외심을 잘 작도하였는지 검증하는 메시지를 내보내는 코드를 작성하자.

① 삼각형과 외심을 작도한다.

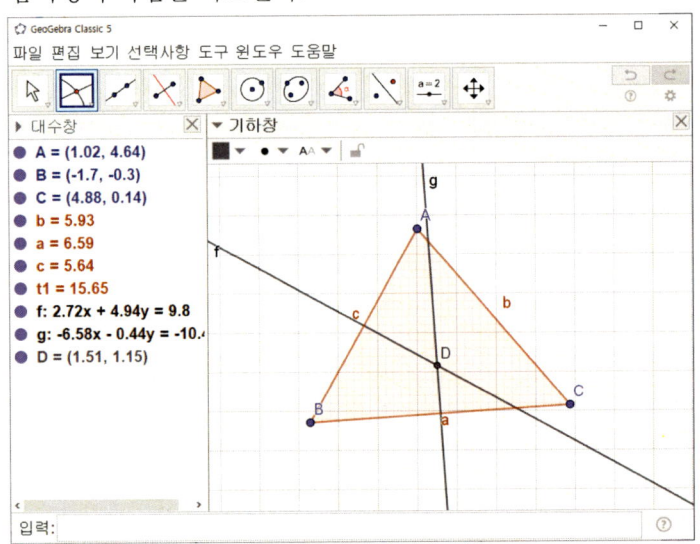

② 두 직선 f, g와 외심 D를 보이지 않도록 처리한다.

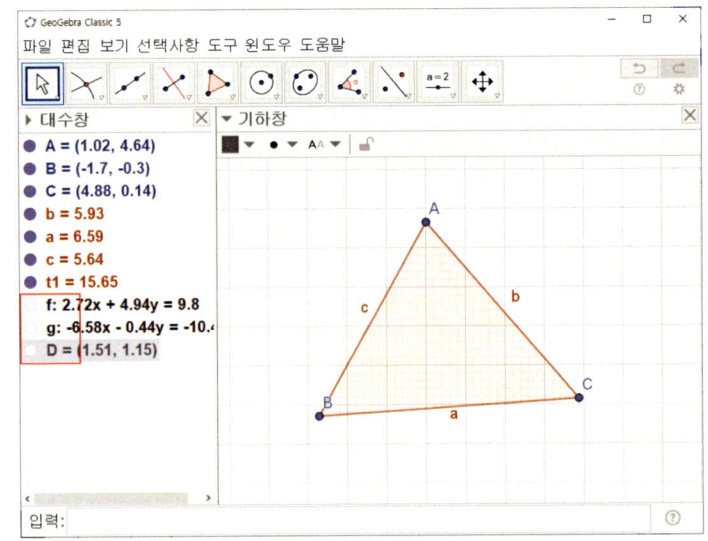

③ 대상 가운데 하나를 골라 설정사항 창을 연다. 이때 '스크립트-전역스크립트' 탭에 다음 코드를 입력한다.

```
function ggbOnInit() {
    ggbApplet.debug("ggbOnInit");
    ggbApplet.registerAddListener("newObjectListener");
}
function newObjectListener(obj) {
    if (obj != "finished") {
        var cmd = "finished = (" + obj + "== D )";
        ggbApplet.debug(cmd);
        ggbApplet.evalCommand(cmd);
        finished = ggbApplet.getValueString("finished");
        if (finished.indexOf("true") > -1) {
            ggbApplet.setVisible("wellDone", true);
            alert("잘 하셨습니다.");
        }
    }
}
```

④ 설정사항 창을 끄고, 삼각형의 외심을 작도한다. 그러면 메시지가 나타난다.

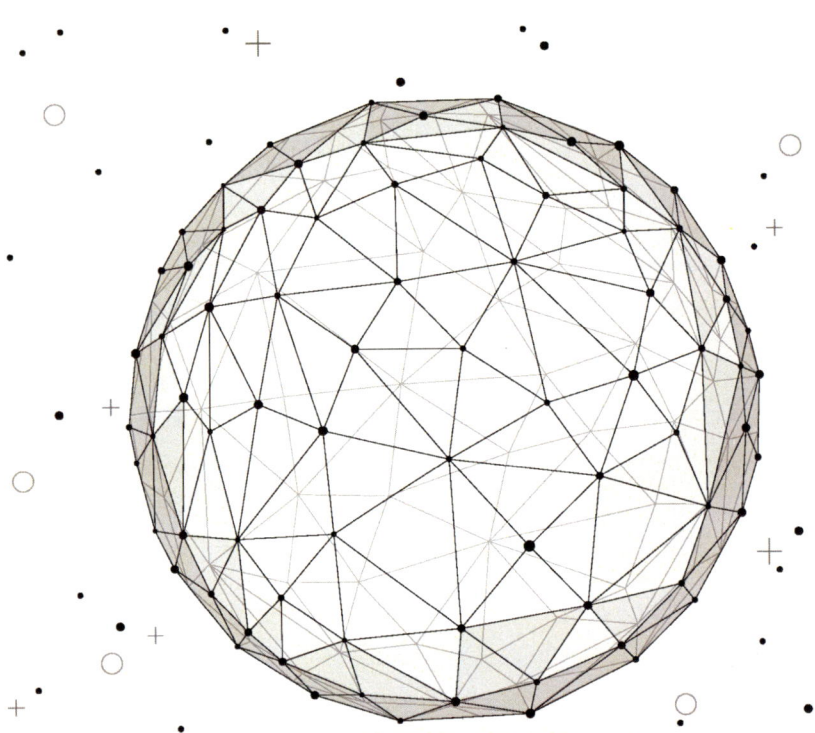

9

지오지브라에서의 입력 데이터를 구글 스프레드시트로 전송

지오지브라에서 데이터를 입력상자에 입력하고 제출 버튼을 클릭하면, 데이터가 구글 스프레드시트에 자동으로 입력되도록 할 수 있다. 이는 지오지브라에 입력된 자바스크립트와 구글 스프레드시트에 입력된 앱 스크립트를 이용한다.

지오지브라 입력 화면과 자바스크립트

① 입력 상자에서 입력한 값을 저장하기 위해 대수창에 " "를 입력하여 아래 그림과 같이 빈 텍스트 4개를 생성한다.

② 빈 텍스트의 설정사항 창의 [기본] 탭에서, 이름을 "input1"로 변경한다. 같은 방법으로 "input2", "input3", "input4"로 이름을 변경한다.

③ 입력상자 a=1 선택하여 입력상자를 만든다. 이때 연결된 대상을 "input1"으로 한다. 유사한 방식으로 입력상자를 만들고 "input2", "input3", "input4"를 연결한다.

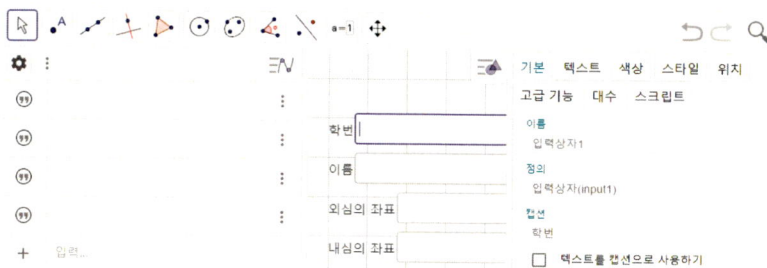

④ 버튼 OK 도구를 선택하여 "제출" 버튼을 생성한다. 이때 설정사항 창의 '스크립트 - 클릭할 때' 탭에 다음 스크립트를 입력한다.[1]

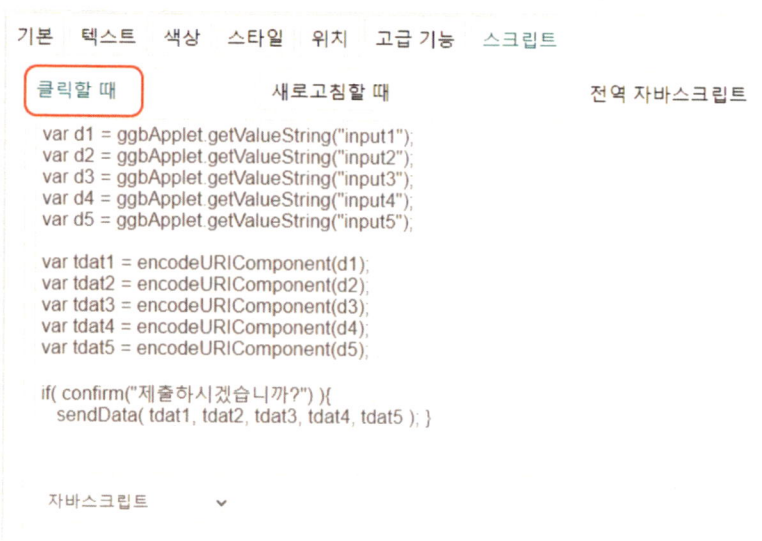

---

[1] https://bit.ly/googleggb에서 코드를 복사할 수 있다.

```
var d1 = ggbApplet.getValueString("input1");
var d2 = ggbApplet.getValueString("input2");
var d3 = ggbApplet.getValueString("input3");
var d4 = ggbApplet.getValueString("input4");

var tdat1 = encodeURIComponent(d1);
var tdat2 = encodeURIComponent(d2);
var tdat3 = encodeURIComponent(d3);
var tdat4 = encodeURIComponent(d4);

if( confirm("제출하시겠습니까?") ) {
    sendData( tdat1, tdat2, tdat3, tdat4 );
}
```

⑤ "제출" 버튼의 설정사항 창에서 '스크립트 - 전역 자바스크립트' 탭에 다음 명령어를 입력한다.[2]

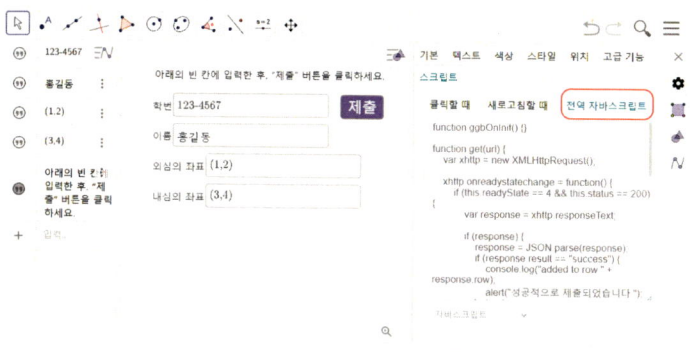

```
function ggbOnInit() {}
function get(url) {
    var xhttp = new XMLHttpRequest();
    xhttp.onreadystatechange = function() {
    if (this.readyState == 4 && this.status == 200) {
        var response = xhttp.responseText;
        if (response) {
        response = JSON.parse(response);
        if (response.result == "success") {
        console.log("added to row " + response.row);
        alert("성공적으로 제출되었습니다.");
        } else {
        alert("Error: " + response.result);
    } } } };
    xhttp.open("GET", url, true);
    xhttp.send();
}
```

[2] https://bit.ly/googleggb에서 코드를 복사할 수 있다.

```
function sendData( td1, td2, td3, td4) {
    var scriptURL = "https://script.google.com/macros/s/AKfycby8wDJMKA-W_f9jbMr6KVEtUvp7h-yB7bVjIGIoV4zOZhihY4hmCVitkGtgzfY4DOos/exec";
    var app_name = "내심과 외심";
    if (td1 !== "") {
        var url = scriptURL + "?";
        url += "&Title=" + app_name;
        url += "&Data1=" + td1;
        url += "&Data2=" + td2;
        url += "&Data3=" + td3;
        url += "&Data4=" + td4;
        get(url);
    } else {
        alert("Check inputs");
    }
}
```

구글 스프레드시트 앱 스크립트

이제 지오지브라에서 전송한 데이터를 구글 스프레드시트에 기록하는 방법을 소개할 것이다.

① `https://bit.ly/ggb2google`을 입력하면 구글 스프레드시트가 나타난다.

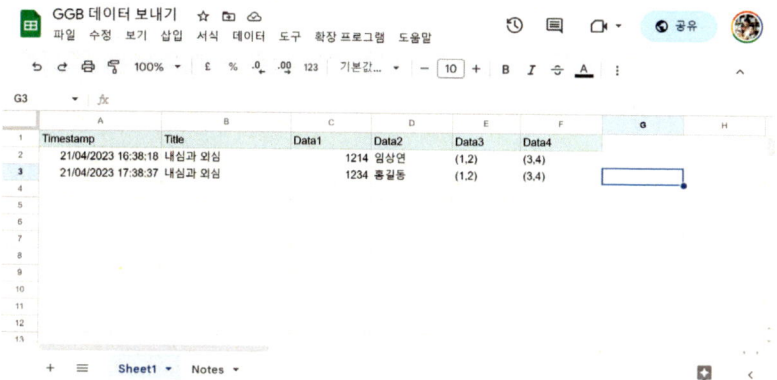

② 메뉴에서 '파일 - 사본 만들기'를 클릭하면 사본이 자신의 구글 드라이브 계정에 저장된다.

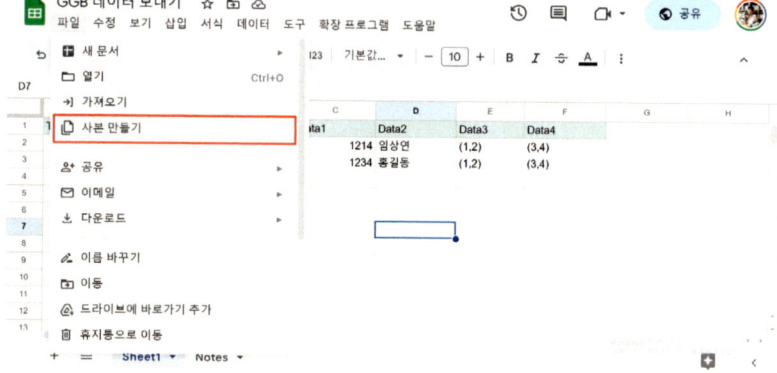

③ 메뉴의 '확장 프로그램 - Apps Script'를 클릭한다.

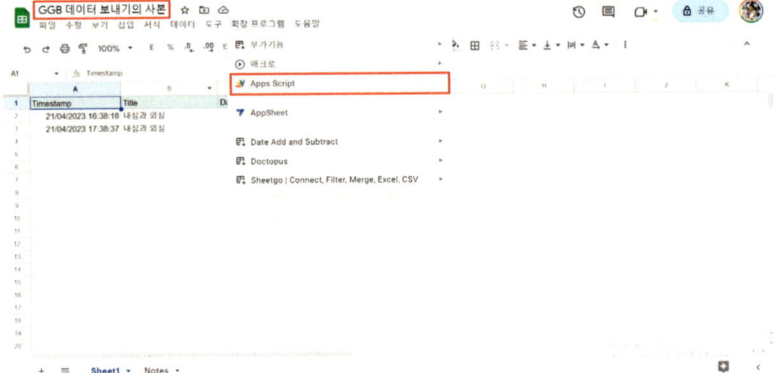

④ 그림과 같이 '1. setup 함수를 선택'한 후 '2.실행 버튼'을 클릭한다.

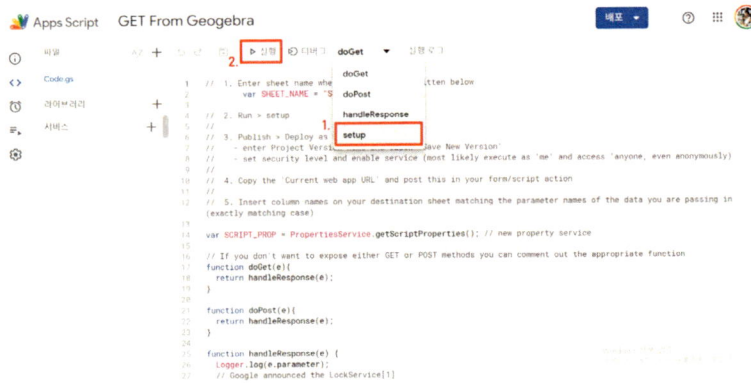

⑤ '배포 - 새배포' 버튼을 클릭한다.

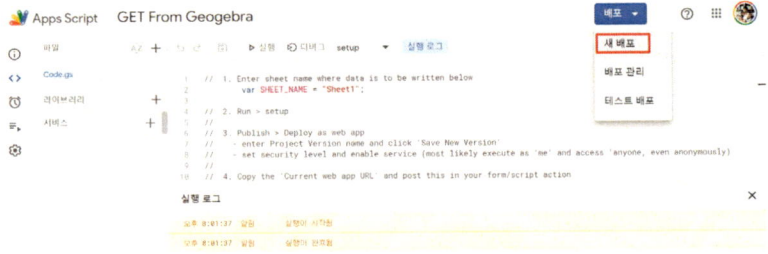

⑥ 버튼을 클릭한다.

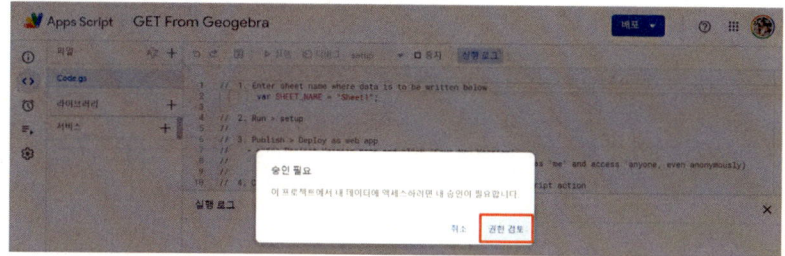

⑦ '고급 설정'을 누르고 **GET From Geogebra**(으)로 이동을 클릭한다.

⑧ Apps Script를 웹에서 사용할 수 있도록 새 배포 를 클릭한다.

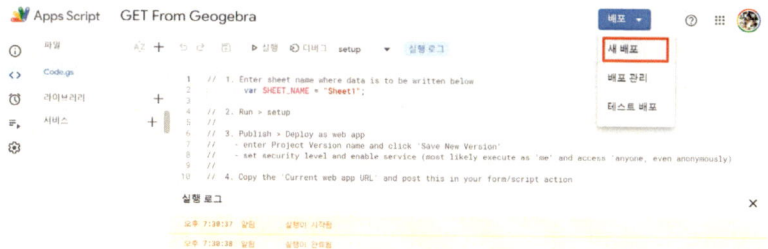

9 지오지브라에서의 입력 데이터를 구글 스프레드시트로 전송 | 71

⑨ 액세스 권한을 '모든 사용자'로 설정한 후 배포 를 클릭하고, URL을 복사한다.

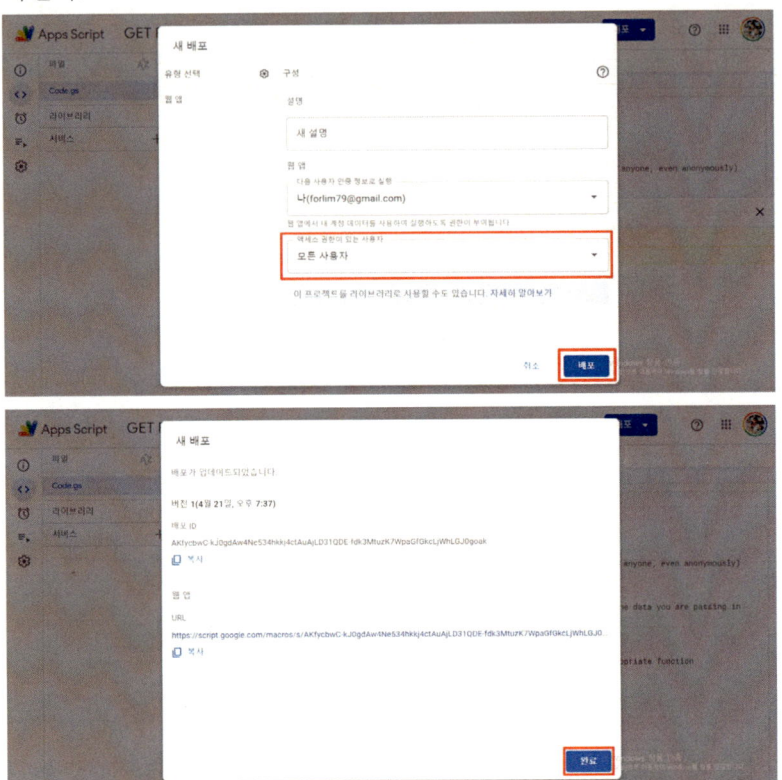

⑩ 구글 스프레드시트가 잘 자동하는지 알아보기 위해, 복사한 URL을 브라우져 주소창에 붙여 넣고 ?Title=1을 추가한 후 엔터를 눌러 본다.

[웹 주소 예]
https://script.google.com/macros/s/....jWhLGJOgoak/exec?Title=1

이때 아래와 같은 결과를 얻으면 잘 작동된 것이다.

{"result":"success","row":5}

스프레드 시트를 확인해보면 Title 열에 1이 입력된 것을 확인할 수 있다.

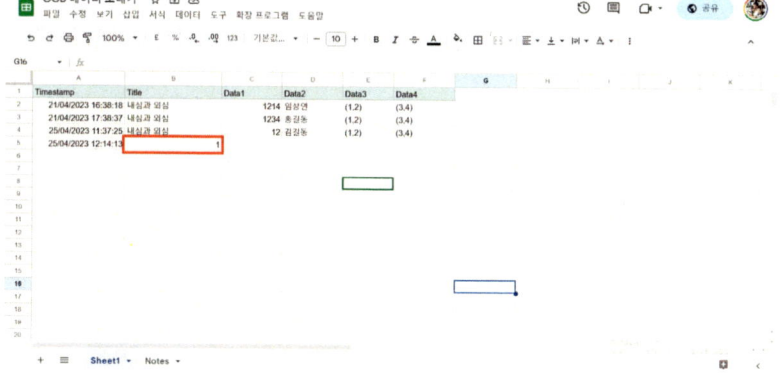

9 지오지브라에서의 입력 데이터를 구글 스프레드시트로 전송

지오지브라와 구글 스프레드시트 앱 스크립트의 연결

이제 지오지브라 앱에서 데이터를 받을 구글 스프레드시트와 연결하자.

① 지오지브라 앱에서 전역 자바스크립트의 붉은색 주소부분을 앞에서 얻은 URL로 변경한다.

② 즉, 주소 부분 변경은 그림의 표시 부분을 교체하면 된다.[3]

결과물 : https://www.geogebra.org/m/xkzkwc4c

코드 예제 : https://bit.ly/googleggb

구글 스프레드시트 예제 : https://bit.ly/ggb2google

---

[3] 연동되지 않으면 웹브라우저를 새로 고침하면 된다.

맺음말

이 책은 창의적 에듀테크 콘텐츠를 개발하는 것이 목적이다. 창의적 콘텐츠를 개발하기 위해서는 수, 과학적 지식, 에듀테크 활용에 대한 지식, 교육학적 지식 등을 개발자가 충분히 이해하고 이를 융합하여 새로운 창조물을 만들어 내야 한다. 그래서 이 책은 기존의 다른 곳에서 보기 어려운 지오지브라 예제를 찾아서 제시하고자 노력하였다.

언제나 그런 것은 아니지만, 교육학적 지식이 많은 경우라면 에듀테크를 개발할 수 있는 역량이 부족한 경우가 많다. 또한 수, 과학적 지식이 풍부하다고 하더라도, 일반적인 교육학 지식이 부족한 경우도 있다. 다양한 지식을 균형있게 갖춘다는 것은 쉬운 일이 아니다.

이 책은 그와 같은 간극을 줄이기 위해서, 또한 실제적인 역량을 키울 수 있도록 창의적 주제의 콘텐츠 개발 사례를 설명하였다. 이 책은 매우 작은 한 걸음을 시작한 것이다. 앞으로 창의적인 다양한 주제를 탐구하고자 한다.